생명과학,
신에게 도전하다

생명과학,
—
신에게
도전하다

**5개의 시선으로 읽는
유전자가위와 합성생물학**

김응빈·김종우·방연상·송기원·이삼열 지음
송기원 엮음

동아시아

"조물주와의 맞짱?"

합성생물학과 유전자가위 기술로
새로운 시대를 맞으며

내가 학생으로 생명과학에 관심을 갖고 공부를 시작하던 30년 전쯤, 다른 과학도 그러했지만 생명과학을 공부하는 것은 차근차근 기초부터 조금씩 지식을 넓혀가며 산길을 오르듯 지식을 쌓아올리는 학문이었다. 그러나 오늘날 생명과학 연구는 가히 오솔길에서 갑자기 10차선 고속도로로 내쳐진 것같이 규모와 쏟아내는 지식의 양이 방대해졌고 그 질주 속도는 전공자인 나도 아찔한 수준이 되었다. 또한 30년 전의 생명과학은 관심 있는 몇몇 과학자들만 알면 되는 지식이었으나 질주하는 생명과학은 하나의 생명체인 우리 자신과 우리의 먹거리, 우리의 생활과 경제, 우리가 살고 있는 생태계를 아주 빠르게 바꾸고 있어 전공자가 아니어도 우리의 삶과 떼어내기 어려운 지식이 되었다.

일반 대중은 아직 유전체 변형 생물체인 GMO에 대해서도 그 두려움을 해소하지 못하고 있지만 생명과학은 2003년 인간 유전체 프로젝트가 끝난 이후부터 발전 속도가 더 빨라지면서, 인간이 생명체를 설계하고 필요한 형태로 만들어내는 '합성생물학'의 시대를 이미 맞고 있다. 즉, 인간이 생명체를 지적으로 설계하는 새로운 시대가 시작된 것이다. 또한 처음에는 세균에서 시작한 그 대상도 점차 복잡한 생명체로 옮겨가고 있다. 최근에는 이에 병행하여 멸종 동물을 재생하거나 인간 유전체를 합성해 작동 방식을 실험하려는 시도도 이어지고 있다. 한편, 2013년 이후 모든 생물체에서 그 유전정보 전체인 유전체 내 특정의 유전정보를 마음대로 교정하거나 편집할 수 있는 '크리스퍼'라고 불리는 유전자가위 기술이 빠르게 확산되어 대부분 생명체에 성공적으로 적용되었거나 현재 진행 중이다. 이 유전자가위 기술은 합성생물학의 추세에 기름을 붓고 불을 붙이는 효과를 가져왔다. 크리스퍼 유전자가위 기술은 생명체의 교정·디자인·변형을 손쉽게 해줄 수 있는 기술이다. 2013년 이래로 매해 가장 혁신적인 과학기술 10선 중 첫 번째로 꼽히고 있다. 크리스퍼 유전자가위 기술을 인간의 수정란에 적용해야 하는가가 현재 과학계의 가장 중요한 화두로 떠오른 상태이다. 즉, 올더스 헉슬리가 1932년에 쓴 공상과학 소설 『멋진 신세계』나 1997년 공상과학 영화 〈가타카〉 등에서 등장하던 생명과학 기술이 현실화된 세계를 우리가 마주하게 되었다.

필자들은 이러한 생명과학 발전이 우리의 삶과 사회 기반 및 가치관 자체에 중대한 변화를 가져올 수 있는 혁명에 가까운 변화라고 느꼈다. 그러나 생래적으로 과학 지식에 대한 거부감이 높은 우리 사회가 이러한 변화에 반응하는 방식은 충격적이었다. 일단 어떤 과학 발전이 어떻게 일어나고 있는가 하는 과학적 사실에 대한 관심은 매우 적었고 각각의 입장에 따른 반응은 천편일률적이었다. 정부는 이러한 과학 연구가 국가 경제에 도움이 되겠다고 판단하면 이를 성장 동력으로 지정하고 연구를 무조건 장려하면서도 그와 수반되는 시스템 구축에는 매우 취약한 방식을 취했다. 또한 NGO들은 그 과학적 내용을 객관적으로 수용하려는 태도 없이 무조건 반대하는 입장을 택했으며, 그 내용도 연구 결과에 수반되는 좀 더 근본적인 사회 변화 등은 등한시한 채 주로 '먹어서 안전한가' 등 단순하고 소모적 문제에만 열을 올리고 있었다. 생명과학 연구와 그로 인한 가치관 변화로 가장 극심한 타격을 받을 수도 있는 종교계는 생명과학의 발전에 전혀 관심이 없었으며, 변화의 내용과 속도를 불감한 채 마치 중세와 비슷하게 여전히 과학과의 담쌓기가 종교를 지켜줄 수 있을 것으로 믿는 듯한 태도로 일관했다. 어떤 종교이건 공통적으로 가지고 있는 생명에 대한 경외와 존중을, 변화하고 있는 생명과학의 현실 속에서 구체적으로 어떻게 대중에게 전달하고 지켜내야 하는가에 대한 근본적인 질문은 보이지 않았다.

그래서 다양한 전공 배경의 필자들은 모여서 최근 질주하는 생명과학의 한가운데 있는 '합성생물학'과 '크리스퍼 유전자가위'에 대해 함께 공부를 시작했다. 질주하는 생명과학과 이에 의해 발생할 수밖에 없는 생명체와 우리 삶의 변화를 과학을 넘어 통합적으로 논의하는 것이 필요하다고 절실히 느꼈기 때문이다. 생명과학을 공부한 두 명의 과학자와 정책을 공부한 사회과학자, 윤리학과 철학을 공부한 두 명의 신학자가 모여, 2015년부터 어렵게 시간을 내어 함께 공부를 시작했다. 또한 미래를 살아내야 할 학생들이 이러한 변화를 이해하고 수용하는 것이 필요하므로 '과학기술과 사회' 문제에 관심이 있는 다양한 전공의 학생들을 모집해 자발적으로 함께 공부에 참여하도록 했다. 처음에는 생명과학의 용어에도 익숙하지 않던 타 전공의 학자와 학생들이 과학적 내용을 이해하는 것이 쉽지 않았다. 하지만 전혀 모르던 새로운 학문 세계와 시각을 엿보는 재미와 경외감, 서로에 대한 존중으로 우리는 재미나고 신나게 공부할 수 있었다. 지난 두 해 겨울방학마다 매주 모여 스터디를 했다. 많은 분량의 익숙하지 않은 읽을거리를 서로 도와 읽고 소화하면서 열심히 참여해준 학생들이 없었다면 학자로서 각자의 일이 산적해 있는 현실에서 우리의 공부가 지속되기는 어려웠을 것이다. 하나씩 이름을 거명하면 혹 빠지는 학생이 있을까 하여 이름을 거명하진 않지만 추운 겨울 강의실에서 예정 시간을 훌쩍 넘어 4~5시간씩 진행되던 공부에 열심히 참여해준 연세대학교 '과학기술과 사회 포럼' 동아리 학생들과 언더우드 국제대학 '과학기술정책' 전공 학생들에게 고마움을 전한다. 과학기술의 발달이 우리를 어떤 세상으로 끌고 갈지는 모르겠다. 하지만 그래도 우리가 희망을 갖는 이유는 과학기술과 이에 맞물린 가치관, 사회문제 등을 통합적으로 이해하고자 공부하고 고민하는 이런 젊은 학생들이 있기 때문이다. 다양한 학문적 관심과 배경을 가지고 고민하는 사람들이 모여 서로 듣고 지식과 힘을 모으는 훈련을 계속할 수 있다면 과학기술의 발달로 우리가 당면하고 있는, 혹은 당면할 문제들을 해결하고 올바른 방향을 제시할 수 있으리라 믿는다.

이렇게 모여 공부한 내용을 세상과 공유할 수 있다면 스터디에 참여하지 않았던 세상의 더 많은 사람들과 최근 생명과학의 발전 내용과 그에 의해 변화할 세상에 대한 지식과 고민을 함께 나눌 수 있으리라 생각했다. 그래서 이 책을 쓰게 되었다. 이 책은 '조물주와의 맞짱'이라고도 표현될 수 있는 생명체에 대한 획기적인 변화의 최전선에 있는 '합성생물학'과 '유전자가위 기술'을 공부하며 그 각각의 과학적 내용에 대한 설명과 다른 전공의 학자들이 느꼈던 각기 다른 시각을 정리한 것이다. 과학적인 내용의 설명을 주 내용으로 하는 일반 과학 서적과 달리, 과학 지식에 이어 거버넌스 시스템이나 이런 과학적 변화를 수용하는 가치관까지 다양한 내용이 담겨 있다. 이 책이 진정으로 함께 지식을 모아 생명과학의 발전이 던지는 다양한 질문들에 다가가고 그 해결 방안을 모색해보는 시도가 될 수 있을 것으로 기대한다.

마지막으로 우리가 이렇게 모여 공부할 수 있는 장을 마련해주었던 연세대학교와 이러한 융합 연구를 지원해준 연세미래선도융합연구 프로그램에 감사드린다. 또한 우리 사회의 과학에 대한 관심을 고려할 때 이 책이 베스트셀러가 되어 경제적으로 큰 도움이 될 것으로 예상되지 않음에도, 다양한 전공의 학자들이 모여 현재 생명과학 발전의 문제를 공유하고 고민하는 시도에 공감하며 기꺼이 책 출판을 제의해주신 도서출판 동아시아의 한성봉 대표에게도 감사함을 전하고 싶다. 또 여러 저자의 다른 글쓰기 방식을 편집하느라 수고해준 조유나 편집자에게도 고맙다는 인사를 드린다. 학부생으로서 과학이 갖는 사회적 문제에 깊은 관심을 갖고 '과학기술과 사회 포럼' 동아리를 만들고 우리의 모든 스터디 핵심 멤버로 참여하면서 이 책의 원고를 편집하고 정리하는 데 가장 큰 도움을 준 박찬우 군에게 이 자리에서 고맙다는 이야기를 꼭 전하고 싶다. 그의 공부에 대한 열정, 생각하는 대로 살아가려는 의지 등이 바쁜 우리들을 이 자리까지 움직인 중요한 힘이 되었다.

'2017년 봄'
저자들을 대표하여 송기원 씀

1장

신이 된 과학자:

합성생물학,
생명 창조의 시대를 열다

〔과학〕

생명체 디자인의 시대

생명과학의 최전선,
합성생물학을 말하다

송기원
연세대학교 생명시스템대학 생화학과 교수
언더우드 국제대학 과학기술정책전공 교수

'합성생물학Synthetic Biology'이라는 단어는 여러분들에게 어떤 이미지를 떠올리게 하는가? 아마 음침한 실험실에서 비밀스럽게 생명체를 만들어내는 프랑켄슈타인 박사 같은 기괴한 과학자를 떠올릴지도 모르겠다. 생물을 '합성'한다는 것이 너무나 부자연스럽게 느껴지기 때문일 것이다. 그러나 2010년 이후 합성생물학은 생명과학이나 생명공학계의 가장 중요한 흐름으로 자리 잡고 있다. 합성생물학이란 생명체의 기본 구성단위인 유전자 수준부터 직접 설계하고 합성해 하나의 온전한 생명체나 세포 소기관, 단백질들로 구성되어 있는 생체 시스템을 만들어내는 것을 통칭한다. 최근 미국 과학계에서 인간 유전체 합성 계획을 발표하면서 합성생물학은 다시 많은 사람들의 관심을 모으고 있다. 전혀 어울리지 않는 상반되는 의미의 두 단어인 합성과 생물이 만나 이루어진 합성생물학이란 도대체 어떤 생명과학 기술이고 어떻게 시작된 것일까?

합성생물학 출현의
배경

인간이 생명체를 바라보는 시각은 생명체의 정보인 DNA* 구조와 그 작동 원리에 대해 연구하는 유전학 및 분

---

* DNA는 아데닌, 시토신, 티민, 구아닌의 네 종류의 염기를 포함하는 화학적 기본단위인 뉴클레오티드로 이루어진다. 아데닌은 티민, 시토신은 구아닌으로 각 염기의 짝이 정해져 있어 이들을 상보적이라고 한다. 일반적으로 DNA는 뉴클레오티드가 연결된 상보적인 두 줄이 마주 보고 꼬여 있는 이중나선 구조이다.

자생물학의 발달로 서서히 변화해왔다. 생명체의 암호는 화학물질로 환원되었으며 유전자*는 정보 운반체로 간주되었다.[1] 다양한 생명현상은 DNA와 DNA 정보를 따라 만들어진 단백질이라는 화학물질의 작동 방식으로 이해되기 시작했다. 외부 환경의 변화에 대응하는 생명체의 현상을 생화학 반응의 조절 회로로 인식하는 뿌리는 1961년, 프랑수아 자코브François Jacob과 자크 모노Jacques Monod의 연구로 거슬러 올라간다. 대장균을 이용한 락토스 오페론lactose operon[2]에 대한 연구에서 그들은 환경에 대한 세포의 반응을 뒷받침하는 조절 회로regulatory circuits의 존재를 사실로 상정했다. 그러나 다양한 유전자들의 분자 요소들로부터 새로운 조절 시스템들이 조합되는 과정은 DNA에 있는 유전자로부터 유전정보를 읽어내는 과정인 전사 조절transcriptional regulation 기전이 분자생물학Molecular biology을 통해 밝혀지면서 이해되기 시작했다.

1970년대와 1980년대에 진행된 유전자 클로닝**과 PCR[3] 등 DNA 재조합에 필요한 기술의 발전으로 유전자 조작이 광범위하게 퍼져나갔고, 인공적으로 유전자의 발현을 조절하는 기술적인 방법을 제공했다. 하지만 유전공학Genetic Engineering의 접근은 대개 클로닝과

● 유전자는 DNA 염기서열 중 단백질에 대한 정보를 갖고 있는 부분을 말한다. 단백질은 유전자의 정보에 따라 아미노산이 배열된 물질로 생명체가 생명을 유지하는 모든 기능을 수행하는 고분자 화합물이다. 인간의 경우 전체 유전체 중 유전자에 대한 정보를 갖는 염기서열은 단 2퍼센트 미만이다.

●● 유전자 클로닝은 원하는 유전자만을 분리하고 유전자 전달책인 벡터vector에 집어넣어 유전자를 원하는 호스트인 세포나 생명체에 전달해 복제 및 발현될 수 있게 하는 과정을 말한다.

재조합 유전자의 발현에만 제한되어 있었다. 2000년대 이전 우리는 생명 현상을 전체 시스템적으로 파악할 수 있는 유전자 조절 행위의 다양성과 깊이를 이해하는 데 필수적인 지식이나 도구들을 가지고 있지 못했다.[4] 생명체 전체에 대한 시스템적 이해의 기반은 1990년 시작된 '인간 유전체 프로젝트'라는 유전체 전체의 정보 해독 프로젝트가 2000년대에 완료되면서, 그 가능성이 제시되기 시작했다.

1990년, '인간 유전체 정보를 모두 읽어내자'라는 목표로 시작된 인간 유전체 프로젝트의 진행에 따라 유전체 정보인 DNA 염기서열을 읽어낼 수 있는 기술이 빠른 속도로 발달했다. 1990년대 중반에 이르자, DNA 염기서열을 기계가 자동으로 읽어낼 수 있는 기술Automated DNA Sequencing과 이렇게 축적된 많은 양의 유전자 서열 정보를 처리할 수 있는 컴퓨터 기술이 발달했다. 이런 기술의 발전을 통해 다양한 미생물의 유전체 및 효모, 초파리, 선충 등 생명체의 유전체에 포함된 완전한 염기서열을 밝혀낼 수 있었다. 다양한 생명체의 유전체 및 유전체를 구성하고 있는 유전자들에 대한 데이터가 축적되기 시작했다. 또한 RNA*, 단백질, 지방 등 생체에 존재하는 다양한 생화학 반응을 통해 대사물질들을 측정하는 기술이 발달하면서 생명의 최소 단위인 세포의 주요 요소들과 그들의 상호작용에 관한 광범위한 목록을 작성하는 것이 가능해졌다. 이러한 생명 활동을

---

* RNA는 유전자인 DNA 염기서열 정보로부터 상보적으로 짝을 이루는 염기서열로 만들어지는 또 다른 종류의 핵산으로, DNA와 매우 유사한 구조를 갖는다. 세포에서 핵에 존재하는 DNA로부터 유전정보를 읽어내 세포질에서 이 정보에 따라 단백질이 합성될 수 있도록 정보를 전달하는 기능을 수행한다.

가능하게 하는 다양한 분자들의 작용에 대한 분자생물학적 데이터를 기반으로, 생명체의 기능을 전체의 시각에서 유전자 정보[5]의 네트워크로 조망하는 시스템생물학적Systems Biology 접근 방식이 출현했다. 기존 분자생물학의 접근이 생명현상을 수행하는 개별 유전자들 하나하나의 기능을 분석하는 것이었다면, 이제는 구성 요소들에 대한 정보가 많이 축적되었으므로 각 구성 요소들이 어떻게 복잡한 상호작용을 통해 생명체를 구성하고 기능을 수행하는가를 하나의 시스템으로 바라보고, 통합적 방법으로 접근하겠다는 것이다.[6]

분자생물학자들과 컴퓨터 과학자들은 특정 기능을 하는 세포 네트워크를 이해하기 위해서 그 시스템을 구성하는 요소들을 알아내는 방법으로 유전자 실험과 컴퓨터의 데이터 활용을 결합하기 시작했다. 이러한 시도는 이미 알려져 있던 컴퓨터 등 공학적 시스템들과 유사하게, 세포의 생명현상들도 명확히 구별되는 기능을 갖는 모듈module들이 네트워크로 조직화되어 기능을 수행한다는, 생명체 이해에 대한 새로운 관점을 제시했다. 또한 전체를 조망하는 시스템생물학의 접근법에 대한 보완으로서 시스템을 구성하는 각 부품parts을 만들어내고 확산하는 접근법이 구상되었다. 그러한 접근법을 통해 자연 시스템의 기능적 유기체를 연구하거나, 잠재적으로 생명공학기술이나 질병 치료에 응용될 수 있는 인공적인 조절 네트워크를 설계하는 시도가 이루어지기 시작했다. 따라서 일부 공학자들을 중심으로 공학의 모듈처럼 생물학적 시스템들의 합리적인 조작을 가능하게 하는 것이 생명공학 분야가 나아갈 방향으로 인식되기 시작하였다.

합성생물학의 정의

2003년은 생물학에 있어서 인류역사에 기록될 의미 있는 한 해였다. 1990년 시작되었던 인간 유전체 프로젝트가 99.9퍼센트의 정확도로 종료되었다. 이 프로젝트를 주도했던 과학자 중 한 명인 크레이그 벤터Craig Venter 박사는 인간 유전체 프로젝트의 여운이 가시기도 전에 '합성생물학'이라는 새로운 개념을 이야기했다. 벤터 박사는 인간 유전체 프로젝트에 이어 인류가 성취해야 할 생명과학의 다음 목표로서 생명의 설계도인 DNA 수준부터 인간이 직접 디자인하여 생명체를 '조립해내는' 합성생물학을 제시했다. 그가 제시한 합성생물학의 개념은 기존의 생명체에서 유전자 몇 개를 바꾸는 유전자 재조합이나 유전자 편집과는 차원이 다른 수준이었다. 이제 인간이 다양한 생명체의 유전자를 다 읽어낼 수 있는 능력을 가졌으니, 역으로 유전정보를 조립하여 새로운 생명체를 만들어내는 것도 가능하다고 주장한 것이다.

합성생물학은 새롭게 등장하는 많은 과학적 개념들처럼 아직도 뚜렷하게 정립되지 않은 개념이다. 합성생물학이란 용어는 이 분야에서 가장 많이 통용되는 'synthetic biology'의 번역이지만 본래 이 분야는 각 연구자들의 초점에 따라 'constructive biology', 'natural engineering', 'synthetic genomics', 'biological engineering' 등으로 불린다.[7] 따라서 현재 합성생물학은 연구의 의도에 따라 다양하게 정의되고 있다. 먼저, 미국의 대통령 생명윤리 연구자문 위원회Presidential Commission for the Study of Bioethical Issues, PCSBI는 합성생물학이란 "기존 생명체를 모방하거나 자연에 존재하지 않는 인공생명체를 제작 및 합성하는 것을 목적으로 하는 학문"이라고 정의한다.[8] 초기부터 합성생물학 연구에 참여하고 있는 스탠퍼드 대학교의 에릭 쿨Eric Kool은 기존의 DNA를 변형시킨 새로운 유전정보로 작동되는 시스템 제작을 연구하고 있다. 그는 "합성생물학은 공학적인 개념을 생물학에 적용한 것으로 현재의 생물계로써는 할 수 없는 일을 수행하도록 재설계 과정을 거쳐 생물체나 바이오시스템을 만드는 데 그 목적이 있으며 … 먼저 새로운 표준화·규격화된 생물 부품들을 만들어내고 그 부품들을 서로 조립해서 하나의 소자를 만든 후 이를 조립해 하나의 바이오시스템을 만드는 것"이라고 정의한다.[9] 김훈기는 "시스템생물학은 생명현상의 기본 원리를 규명하는 데 중점을 둔다는 점에서 '과학'의 영역에 가깝고 합성생물학은 인위적인 변형을 통해 원하는 생물시스템을 얻으려 한다는 점에서 '공학' 분야에 속한다"라고 주장한다.[10] 필자는 기존의 합성생물학에 대한 정의를 통합해 합성생물학을 "자연 세계에 존재하지 않는 생물 구성요소와 시스템을 설계하고 제작하거나 자연 세계에 이미 존재하고 있는 생물시스템을 재설계해 새로이 제작하는 분야"라고 이야기한다. 간단하게는 "새로운 조합의 유전정보를 갖는 시스템의 생명체를 설계하고 만들어내겠다는 것"이라고 정의했다.[11] 따라서 "합성생물학이라는 명칭에는 생물학이라는 부분이 들어가 있지만 합성생물학의 주요 개념은 자연의 일부로서의 생명에 대해 연구한다는 생물학보다는 설계하고 만드는 것에 초점이 맞춰진 공학에 가까우며, 단지 디자인해 만드는 대상이 기계나 건축물이 아니라 생명체"라고 언급했다. 이렇듯 합성생물학이란 용어는 다양한 정의를 갖고 매우 폭넓게 사용되고 있다. 하지만 공통으로 지적하는 것은 기존에 존재하는 생명체를 본떠 생명체를 합성하거나 새로운 생명체를 합성한다는 점이다. 이러한 관점에서 합성생물학은 '생명을 합성해내는 학문'으로 인간이 조물주의 영역에 가장 가까이 다가가려는 시도로 해석될 수 있다.[12] 생명체의 유전체를 디자인하기 위해서는 축적된 유전체 정보와 이에 대한 지식, 막대한 정보를 처리할 수 있는 컴퓨터, 나노(10억 분의 1) 수준의 화학적 미세 조작이 필요하다. 따라서 합성생물학은 생명과학기술, 정보공학, 나노기술 등이 결합된 대표적인 융합 학문으로서의 특성을 갖는다.[13]

도대체 합성생물학이 무엇인지 몇 년간 모두가 의아해하고 있는 사이 합성생물학 개념을 처음 제시했던 크레이그 벤터는 2006년 자신의 이름을 딴 유전체 연구기관을 설립하고 2010년 5월 '화학적 합성 유전체에 의해 제어되는 세균 세포의 창조'라는 제목의 논문을《사이언스Science》에 발표했다. 이 논문은 합성된 유전체 정보만으로 유지되는 새로운 생명체를 만들었다는 내용을 담고 있다. 미코플라스마 미코이데스Mycoplasma mycoides는 동물의 장속에 기생하는 세균으로 당시 가장 적은 수의 유전자 수(약 530개 정도)를 갖고 상대적으로 아주 적은 100만 염기쌍 정도의 DNA를 유전정보로 갖는 매우 단순한 세균이다. 이 세균의 모든 유전체를 인공적으로 유전자 데이터베이스의 정보를 통해 DNA의 단위인 뉴클레오티드로부터 합성한 후, 다른 종의 세균에 이식시키고 원래 이 종이 가지고 있던 유전체는 제거함으로써 합성된 유전체 정보만으로 유지되는 새로운 생명체(Syn 1.0)를 만든 것이다. 이 새로운 생명체는 생명의 가장 큰 특징인 자기 복제에 의한 재생산과 대사 등 정상적인 생명체로서의 기능을 수행했다. 그리고 2016년 3월, 크레이그 벤터 연구 그룹은 합성했던 Syn 1.0의 유전체의 크기를 반으로 줄이고 유전자를 채 500개도 갖지 않은 생명체를 만들었다고 다시《사이언스》에 발표했다. 즉, 생존 생명체 중 유전자 수가 가장 적은 생명체를 만든 것이다. 이런 연구를 통해 생명체를 구성하고 생명을 유지하기 위한 최소의 유전정보와 유전자 수를 밝혀냈다. 이로써 정말 데이터베이스의 유전정보를 이용해 생명체를 디자인하고 디자인에 따라 유전정보를 합성하며, 디자인한 정보에 따라 생명체를 만들어내는 새로운 시대가 열린 것이다.

합성생물학의
기술적 기반

합성생물학이라는 생명과학에 대한 새로운 접근이 가능하게 된 배경에는 중요한 기술적 진보가 있었다. 첫 번째로 유전자를 합성하는 기술이 급속히 발전하고 그 비용이 급감한 덕분이다. DNA를 구성하는 네 종류의 염기를 포함하는 화학적 기본 단위인 뉴클레오티드를 연결해 길게 DNA로 만드는 기술이 발달하여 저렴하고 정확해진 것이다. 쉽게 설명하자면 구슬을 길게 연결해야 목걸이나 팔찌가 되는 것처럼, 구슬에 해당하는 뉴클레오티드를 길게 연결해야 유전자를 만들어낼 수 있다고 이해하면 된다. 최근 많은 회사들이 주문에 따라 DNA를 합성해주는 서비스를 제공하고 있고 비용도 각 염기당 20~25센트 정도로 아주 저렴해졌다. 수천 개의 염기서열을 갖는 평균 유전자 길이의 DNA는 주문하면 쉽게 만들어 2~3일 내로 배달해준다. 또, 오랫동안 DNA 합성 기술의 한계는 실험실에서 뉴클레오티드를 화학적으로 연결해 DNA를 길게 만들기 어렵다는 것이었는데, 근래에는 한 번에 수만 개의 염기서열을 갖는 DNA를 합성할 수도 있게 되었다. 최근 미국의 회사 블루 헤론 바이오테크놀로지Blue Heron Biotechnology는 한 번에 5만 2,000쌍의 염기서열을 갖는 DNA를 합성할 수 있다고 발표했다.

두 번째는 차세대 염기서열 해독기술Next Generation Sequencing이 2007년 이후 빠르게 발달하면서 DNA 염기서열을 해독하는 비용은 엄청나게 저렴해지고 속도는 빨라졌으며 정확도는 매우 높아진 것이다. 염기서열 해독기술이 싸고 빨라지면서 사람뿐 아니라 다양한 생명체의 유전체가 해독되었고, 그 정보들이 축적되면서 생명체를 디자인하는 데 사용할 수 있는 유전자의 종류가 급속히 늘어났다. 이는 마치 레고 장난감의 블록 종류가 다양해야만 더 다양한 모양과 기능의 것들을 만들 수 있는 것과 같은 이치이다. 또한 합성된 DNA 염기서열의 정확도도 쉽게 검사할 수 있게 되었다.

합성생물학의
범위와 내용

그렇다면 과학자들이 합성생물학 연구를 통해 얻고자 하는 것은 무엇일까? 한 문장으로 합성생물학의 목적을 정의하기는 힘들다. 왜냐하면 '합성생물학'이라는 단어 아래 다양한 지적 기반을 가진 연구자들이 서로 다른 목적을 가지고 합성생물학 연구를 수행하고 있기 때문이다. 그러나 크게 네 가지로 합성생물학의 방향성과 목적을 정리해볼 수 있다.

크레이그 벤터로 대표되는 첫 번째 접근은 합성생물학을 이용해 지구의 역사에서 처음으로 생명체가 탄생한 그 비밀을 밝히겠다는 것이다. 즉, 어떻게 물질에서 생명으로 급격한 변화가 가능했는지의 과정을 이해해 생명의 본질을 밝혀내는 것을 목적으로 한다. 실제로 크레이그 벤터 연구 그룹은 최초의 합성생물체 Syn 1.0을 만들면서 그 합성 유전체의 염기서열 내에 연구에 참여한 연구원 전원의 이름과 물리학자 리처드 파인먼Richard Feynman이 죽기 전 남겼다는 경구 'What I cannot create, I do not understand(만들 수 없는 것은 이해하지 못한다)'를 새겨 넣었다. 이 경구가 크레이그 벤터가 추구하는 합성생물학의 목적을 한 문장으로 요약하고 있다. 만들 수 없는 것은 이해하지 못하므로 생명체를 진정으로 이해하기 위해서는 이를 인공적으로 만들어보아야 한다는 의미이다. 합성생물학을 통해 궁극적으로 생명체에 대한 완벽한 근본 지식을 얻겠다는 것이다. 실제로 크레이그 벤터는 그의 자서전 『게놈의 기적』에서 "나는 진정한 인공생명을 창조해서 우리가 생명의 소프트웨어를 이해하고 있다는 사실을 보여줄 생각"이라고 말했다.[14] 앞에서 언급했던 스탠퍼드 대학교의 에릭 쿨도 동일한 목적으로 연구를 수행하고 있다. 화학물질에서 시작해 생명체의 구성 요소를 만들고 더 나아가 궁극적으로 생명체까지 만들어가는 과정을 통해 생명의 작동 원리를 밝히고자 하는 것이다. 이를 위하여 과학자들은 단순한 화학물질에서 시작해 생명체의 구성 요소를 합성해 만들고 더 나아가 생명체까지 가는 이른바 아래에서 위로의 bottom-up 접근을 취하고 있다.

앞에서 합성생물학이란 무엇인가를 이야기하면서도 합성생물학은 생물학보다는 공학에 가깝다는 말을 했다. 합성생물학에 대한 두 번째 접근은 생명체와 그 구성단위인 세포를 하나의 복잡한 기계장치로 바라보는 공학적 인식에서 시작한다. 공학자 그룹이 중심이 된 접근 방법이다. 실제로 생명체는 굉장히 높은 에너지 효율성을 가지며 복잡한 구조의 화합물을 효과적으로 생산해내는 생체 반응 경로를 가진다. 이들은 생명체의 이런 장점을 이용하여, 본인들이 원하는 기능을 수행해내는 생명체를 디자인하여 만드는 것을 목표로 합성생물학을 연구하고 있다. 생명체의 부품들을 직접 만들어 이 세포라는 기계를 조립하고, 또 기계에서 필요한 부품들만을 꺼내어 새로운 장치를 만드는 데 관심을 두고 있다. 즉, 생명체를 'DNA라는 소프트웨어가 담긴 유전자회로로 구성된 하나의 기계' 정도로 인식하고, 여기서 필요한 부분만을 떼어내 원하는 새로운 시스템을 조립하는 것이다. 이들은 '가장 효율적인 유전자를 이용한 생산 설비의 구축'을 목표로 한다. 이들은 자연계에 존재하는 생명체의 유전자를 모두 분리한 후 변형 및 재조합하는 위에서 아래로의top-down 방식으로 접근하고 있다. 예를 들어 식물세포에서 광합성 작용을 담당하는 세포 소기관들과 각종 효소들의 구조를 파악한 후, 이를 세포 밖에서 만들어내 에너지를 생산하는 나노미터 수준의 '장치'를 제작하고자 한다. 또한 이런 시도를 확장해 의약품 생산, 환경오염 물질 제거, 에너지 생산 등 인간의 목적대로 디자인된 인공생명체를 개발한다. 원하는 목적에 따라 유전자를 마치 레고 블록처럼 만들고 다양하게 조합한 후 미생물에 삽입하는 연구를 진행하는 공학자 출신의 드루 엔디Drew Endy[15]의 연구가 대표적이다. 또한 버클리 대학교의 제이 키슬링Jay Keasling은 식물의 유용 유전자를 대량으로 미생물에 삽입해 미생물을 살아 있는 미세 화학공장으로 이용하려는 연구를 진행 중이다. 이 진영을 이끌고 있는 인물 중 한 사람인 드루 엔디는 합성생물학의 목적을 '생명체를 제작하기 쉽게 하는 것'이라고 말한다. 이를 위해 생명체의 생명현상을 컴퓨터 부품처럼 단순화시키고 이로부터 인간에게 유용한 특성과 물질을 대량으로 얻는 것'이라고 정의하기도 했다. 이 진영의 가장 대표적인 성과로는 희귀 약초에 소량으로 들어 있는 말라리아 치료 물질인 아르테미시닌artemisinin을 합성하는 유전자 경로를 파악한 뒤, 이 과정에 관여하는 유전자들을 조합하여 아르테미시닌을 생산하는 새로운 대장균과 효모를 만들어낸 것이다. 공학적 접근법은 하나의 온전한 생명체의 형태가 아니더라도, 특정 기능을 수행하는 기관만을 합성해내기도 한다. 대표적으로 현재 활발히 연구되고 있는 것이 인공 광합성이다. 이 경우에는 광합성 과정에 관여하는 생체 분자들과 기관들만을 조합하여 하나의 에너지 생산 시스템을 구축하는 것을 목표로 한다.

세 번째로 기존의 생명체와는 화학 조성부터 다른 특성을 갖는 새로운 생명체를 만들어내고자 하는 접근이 존재한다. 지구상의 모든 생명체는 기본 생체분자의 구성 성분, 염기서열의 구조 및 많은 특성들을 공유하고 있는데, 이 진영에 있는 사람들은 이 교집합에서 벗어나는 완전히 다른 생명체를 만들고자 한다. 나사National Aeronautics and Space Administration, NASA에서는 지구와 물질 구성이 다른, 지구가 아닌 다른 행성 및 위성, 기타 천체의 대기 및 온도, 생태계를 지구의 환경과 비슷하게 바꾸어 인간이 살 수 있도록 만드는 작업인 테라포밍Terraforming 계획을 추진하고 있다. 일례로 합성생물학은 바로 여기에서 살 수 있는 생명체를 개발하고자 한다. 몇 년 전 비소를 DNA의 구성 성분으로 이용하는 미생물을 발견해낸 것도 이런 목적 때문이었다. 합성생물학을 이용해서 지구상의 생명체들과 다른 성분으로 이루어진 생명체를 직접 만들어내고자 하는 연구가 진행되고 있다. 앞의 두 접근에 비해 아직까지 가시적인 성과가 적긴 하지만, 생명에 대한 정의를 근본부터 바꾸어놓을 큰 영향력을 행사할 가능성이 높다.

또 다른 합성생물학에 대한 접근은 합성생물학을 기존의 DNA 재조합 기술의 단순한 연장으로 이해하는 태도이다. 합성생물학이나 기존의 DNA 재조합 기술 모두 생명체를 변형하여 인간에게 유용한 생명체를 만들어낸다는 점에서 목적이 같다고 지적한다. 또한, 현재로서는 많은 경우 DNA 합성, PCR, 유전자 클로닝 및 변형, DNA 염기서열을 읽어내는 DNA 시퀀싱DNA sequencing 등 DNA 재조합 기술이 사용하는 기본적인 기술과 방법론을 그대로 사용하고 있으므로 구별할 이유가 없다는 것이다. 합성생물학이란 용어 및 분야가 새로 만들어진 것도 연구 내용이 완전히 달라져서가 아니라, 새로운 연구 분야를 만들어야 정부나 기업의 지원이 용이하기 때문이라는 정치경제적인 이유를 주된 것으로 본다. 또 합성생물학을 제품 생산에 적용하는 많은 기업들은 합성생물학이 DNA 재조합 기술의 발전된 형태로, 동일한 연장선에 있다는 입장을 취

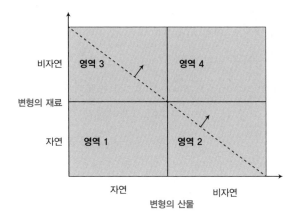

〈그림1〉 구성 요소와 최종 산물을 기준으로 한 합성생물학의 구분[16]

하고 있다. 그러므로 합성생물학의 위험성을 논할 때 DNA 재조합 기술에 대한 규제 이상의 다른 규제가 필요하지 않다고 주장한다.

합성생물학은 현재 방법론적으로 기존의 DNA 재조합 기술 및 시스템생물학과 단절적으로 구분되어 있지는 않다. 그러나 현재의 생명체 시스템을 조합해 완전히 새로운 생명체를 설계하고 제작한다. 심지어 기존 생명체와는 구별되는 새로운 분자들을 이용하는 생물체 변형의 스케일이나 지향점을 고려한다면, 합성생물학은 기존의 유전공학이나 시스템생물학과 확연히 구분된다. 합성생물학을 보다 명확하게 이해하기 위해 합성생물학이 추구하는 목적과 재료를 〈그림1〉과 같은 표로 만들어볼 수 있다. 〈그림1〉에 제시한 것처럼 생명체 변형을 위해 사용하는 구성 요소와 합성생물학 기술을 적용한 최종 산물을 구분해 생각해보자. 〈그림1〉은 생명체 변형 시 세로축은 구성 요소가 기존에 존재하는지 존재하지 않는지의 여부로, 가로축은 최종 결과물이 기존에 존재하는지 존재하지 않는지의 여부에 따라 나눈 것이다. 가로축과 세로축을 조합하면 네 가지 유형이 된다. 이를 각각 살펴보면 첫 번째 유형은 이미 생물계에 존재하는 구성 요소로 생물계에 존재하는 시스템을 만드는 것이다. 즉, 유전공학적 변형이 적용되지 않은 이미 존재하는 대부분의 생명체가 여기에 포함된다. 두 번째 유형은 이미 생물계에 존재하는 구성 요소를 조합해 생물계에 존재하지 않는 시스템을 만드는 것이다. 기존에 존재하는 GMOGenetically Modified Organism● 등이 이 유형에 해당한다. 세 번째 유형은 이 세상에 존재하지 않는 구성 요소를 만들고 이를 조합해 생물계에 존재하는 시스템을 만드는 것이다. 네 번째 유형은 생물계에 존재하지 않는 구성 요소를 만들고 이를 조합해 생물계에 존재하지 않는 시스템을 만드는 것이다.

이 구분에서 구성 요소나 시스템이 이 세상에 존재하는지의 여부는 생명체나 그 구성 요소와 얼마나 다른가의 정도에 달려 있기 때문에 단절적이기보다는 연속적으로 이해하는 것이 보다 적절하다. 위에서 언급한 크레이그 벤터 박사의 연구 결과는 세 번째 유

● GMO는 자연적 방법인 생식으로는 전혀 유전자를 주고받을 수 없는 생물종 간에 한 종의 유전자를 다른 종에 집어넣어 발현시키는 유전공학적 방법으로 유전자가 변형된 생물체를 총칭한다.

형에 해당된다고 할 수 있다. 왜냐하면 세상에 존재하지 않던 DNA 를 합성해 기존에 존재하던 생명체를 만들어 작동시켰기 때문이다.

위에서 언급했던 것처럼 두 번째 유형과 세 번째 유형에서는 합성 생물학이 기존의 시스템생물학과 큰 차이를 보이지 않지만, 네 번째 유형에서는 큰 차이를 보일 수밖에 없다. 세상에 존재하지 않는 구성 요소를 만들어 세상에 존재하지 않는 생명체를 만들어내기 때문이다. 네 번째 유형에서는 우리 사회가 한 번도 경험해보지 못한 완전히 새로운 영역으로 들어서게 된다. 또한 DNA 재조합 기술과 시스템생물학의 발전으로, 현재 가장 많이 존재하는 생명체의 변형 양식인 두 번째와 세 번째 유형을 연결한 축이 앞으로 합성생물학의 기술이 발전될수록 위로 이동할 것으로 예상된다. 따라서 앞으로 점차 두 번째와 세 번째 유형은 감소하고 네 번째 유형이 점점 많아질 것이다. 그러므로 재료와 생명체 모두 인간에 의해 만들어진 네 번째 유형의 특징을 잘 드러내기 위해서라도 기존의 생물학과 구분해 합성생물학이라고 명하고 이의 사회적 영향을 체계적으로 논의할 필요가 있다. 또한 합성생물학이 지닌 공학적인 특징 즉, 예측 가능한 기능과 표준화에 대한 관심도 네 번째 유형에서 가장 잘 드러난다고 할 수 있다.

앞에서 잠깐 언급한 것처럼 실제로 네 번째 유형에 해당되는 합성생물학 연구도 현재 진행되고 있다. 합성생물학을 이용해서 지구상의 생명체들과 다른 성분으로 이루어진 생명체를 직접 디자인하고 만들어내는 연구이다. 예로 들면 지구 생명체들이 모두 유전정보로 공유하는 DNA는 뉴클레오티드라는 염기와 당, 인을 포함하는 구조가 연결되어 있지만 유전정보로 사용될 수 있는 뉴클레오티드가 아닌 새로운 화학물질을 만들거나 고안하는 것이다. 지구상의 모든 생명체는 기본 생체 분자의 구성 성분, 염기서열의 구조 및 많은 특성들을 공유하고 있는데, 여기서 벗어나는 완전히 다른 생명체를 만들고자 한다. 앞에서 언급했던 테라포밍 프로젝트의 일부로 거기에서 살 수 있는 생명체를 개발하는 것을 예로 들 수 있다.

합성생물학의
대중화 추세

합성생물학의 빠른 발전 추세에 비해 대다수의 일반인들은 '합성생물학'이라는 용어조차 생소하게 느껴질 것이다. 그러나 합성생물학 연구는 특히 공학적 전략을 받아들이며 매우 빠른 속도로 대중화되고 있다. 앞서 언급한 드루 엔디의 말을 빌리면, 합성생물학의 공학적 전략이란 '생명체를 제작하기 쉽게 하는 것으로 생명체의 생명현상을 컴퓨터 부품처럼 단순화시키고 이로부터 인간에게 유용한 특성과 물질을 대량으로 얻는 것'이다. 어느 기술이든 대중화를 위해 가장 중요한 것은 표준화이다. 부품이 명확하고 표준화되어야 사람들이 필요한 부품을 조립해 원하는 기계를 만들어낼 수 있기 때문이다. 컴퓨터를 예로 들면 이해하기 쉽다. 컴퓨터에 문외한인 나 같은 일반인은 다 조립된 완제품 컴퓨터를 구입하지만, 컴퓨터에 대해 좀 아는 사람들은 용산 전자상가에 가서 원하는 부품들을 구입해 조립해서 훨씬 월등한 성능의 컴퓨터를 만들 수 있는 것과 같다. 이렇게 원하는 부품들을 조립해 컴퓨터를 만들 수 있는 이유는 이들 부품들이 서로 맞도록 표준화되어 있기 때문이다.

합성생물학에 공학적 전략을 도입하기 위해 연구자들은 유전체 변형 과정을 DNA·부품·설비device·시스템system 등 4단계로 구분한다. DNA는 유전물질, 부품은 DNA의 기본적인 기능을 수행하는 장치, 설비는 인간이 요구하는 기능을 수행하도록 부품이 다양하게 조합된 장치, 그리고 시스템은 이런 다양한 설비의 조합이다. 또한 설비와 시스템 수준에서 독립 기능을 수행할 수 있는 표준화된 '생명 부품'을 만들고 이를 '바이오브릭BioBrick'이라 명명했다. 2006년 설립된 바이오브릭 재단The BioBricks Foundation의 홈페이지(http://biobricks.org)와 생명체를 설계하는 데 필요한 다양한 기본 부품을 제조하는 바이오팹 프로젝트BioFab Project의 홈페이지(http://biofab.synberc.org)에는 이미 수천 개의 바이오브릭이 등록되어 있고 누구나 무료로 사용할 수 있다. 또, 누구나 관심 있는 연구자들은 구조와 기능이 명확한 각 바이오브릭을 조합해 컴퓨터에서 이들의 작동 여부를 시뮬레이션한 후 이들 DNA를 실제로 합성해 원핵세포인 세균이나 진핵세포인 이스트에 집어넣고 그 결과를 확인할 수 있다.

더 많은 새로운 바이오브릭을 찾아내고 합성생명체나 시스템 생산을 독려하고자 2009년부터 매해 1,000명 이상의 대학생들이 참여하는 국제 합성생물학 경진대회인 아이젬International Genetically Engineered Machine, iGEM이 열리고 있다. 아이젬은 전 세계의 합성생물학 연구 팀들이 참가해 자신들의 연구 성과와 새로운 '발명품'을 경연하는 장으로서 합성생물학에 대한 관심과 참여를 과학자들뿐만 아니라 일반인들에게 확산하는 데 중요한 역할을 하고 있다. 또, 정보기술IT 산업의 혁신이 주차장을 빌려 시작한 많은 소규모 벤처 기업에서 왔음을 상기하고 합성생물학의 혁신을 위해 일반인이 합성생물학에 실제로 참여할 수 있도록 동네에 커뮤니티 랩community lab(지역공동체 실험실)을 만들고 지원해줄 것을 제안했다.

커뮤니티 랩은 생명과학을 탐구하고 이를 합성생물학적으로 적용하는 데 관심 있는 사람이라면, 누구든 이를 배울 수 있고 실험할 수 있는 장소이다. 한국의 주민센터에 모두가 이용할 수 있는 운동시설이나 경로당이 있듯이 여기에 실험실을 만들어놓은 것으로 이해하면 된다. 커뮤니티 랩은 2010년 뉴욕의 브루클린에 처음 문을 연 '젠 스페이스GenSpace'를 필두로 미국 등 북미와 유럽 전역으로 급속히 퍼져나갔으며, 2015년 현재 북미에만 28개소, 유럽 전역에 23개소 등 세계적으로 60개가 운영되고 있고 전 세계적으로 빠르게 확산되고 있다.[17] 일반인들이 모여 생명과학 연구를 진행하는 커뮤니티 랩에서 합성생물학은 중요한 연구 주제로 등장하고 있으며, 이미 이러한 자가 연구 집단이 2,000명 규모에 이르고 있다.[18] 이런 일련의 시도를 통해 합성생물학 연구자들은 원하는 생명체를 디자인해 손쉽게 만드는 것뿐만 아니라 이런 추세의 대중화를 시도하고 있다.[19] 합성생물학의 대중화는 관심의 확산과 연구 방향의 다양성을 통해 생명공학 기술의 혁신을 이룬다는 측면에서는 긍정적이지만, 아무런 규제와 안전장치 없이 이루어지는 자가 연구의 위험성이 제어하기 어려운 수준으로 증폭될 가능성을 품고 있다.

합성생물학 연구의
기술적 한계와 미래

합성생물학은 기존의 생명체에 존재하는 단순한 유전자와 그 조절 회로를 부품으로 이용하는 것부터 시작해 부품의 표준화를 통해 효율성을 높임으로써 더 복잡한 회로들을 만들어낼 수 있게 되었다. 그러나 생명체의 작동 방식은 상황에 의존하며 창발적인 특징을 갖기 때문에 인간의 예측대로만 움직이지 않는다. 이런 부품들 간의 상호작용과 상황의존성은 합성생물학의 발전에 늘 극복해야 하는 기술적 장애가 되고 있다.

현재 합성생물학 연구는 세포 내 환경의 복잡성을 이해하고 공학적 시도에 내재하는 예측할 수 없는 생체 반응의 다양성을 감소시키기 위해 그 방법 개발에 초점을 맞추고 있다. 이를 위해 많은 회로의 세포 내 작동 방식에 대한 정확한 예측을 위해 단순한 모델들을 만들고 있다. 또한 회로의 디자인과 모델링을 통한 기능 예측을 반복하고 수정함으로써 오류를 제거하는 시간을 단축하고 잠재적으로 생체 내 상호작용에 따른 오류를 제거하는 방향으로 노력하고 있다. 이런 시도들을 통해 합성생물학은 방법론적으로도 점차 전통적인 분자생물학적 도구들에 대한 의존에서 벗어나고 있다. 가까운 미래에 합성생물학의 기본인 분자생물학적 회로 공학은 더 이상 그 제작에만 국한되지 않고, 그 회로의 행동을 생체 내에서 분석하는 능력과 디자인 기능에 데이터를 적용하는 수학적 시뮬레이션 접근법 등이 중요해질 것으로 예측된다.

세포 시스템과 상호작용할 수 있는 공학적 회로를 디자인하는 것은 가까운 미래에 합성생물학이 반드시 풀어야 할 과학적 도전이다. 그래야만 합성생물학 방법으로 만들어진 인공 미생물을 인간 내장의 미생물이나 인간 세포와 상호작용할 수 있도록 하여 슈퍼박테리아 등 미생물들의 감염 치료나 세포를 기반으로 한 만성질환 치료 전략으로 이용할 수 있기 때문이다. 이를 위해서는 분자생물학, 의학, 공학, 컴퓨터, 수학, 나노 과학 등 다양한 분야들이 긴밀히 협업하고 정보를 공유하는 연구 공동체의 형성이 필수적인 조건이 될 것이다.

합성생물학이라는 새로운 분야가 빠르게 성장한 지난 10년, 합성생물학의 진보가 기존의 생명공학 연구 영역에 적용되면서 가장 크게 영향을 미친 분야는 대사공학이다. 지난 10년간의 유전체 데이터의 급속한 증가, DNA 합성 가격의 하락은 우리가 원하는 물질을 합성하는 데 사용할 수 있는 효소의 기능과 경로를 예측할 수 있는 모델을 제공하였다. 그 성공적인 예로 안티 – 말라리아 약품인 아르테미시닌의 대량 생산이 합성생물학적 방법으로 2013년 가능해진 것을 들 수 있다. 빌 앤 멀린다 게이츠 재단Bill & Melinda Gates Foundation의 지원으로 효모 시스템에서 아르테미신산artemisinic acid을 합성하는 적절화한 경로가 만들어졌고, 이를 통해 효모에서 아주 빠르고 쉽고 저렴하게 아르테미시닌을 대량생산하는 것이 가능해졌다. 앞으로 대사공학의 영역에서 합성생물학을 적용하여 대사 흐름을 조절하기 위해서는 여전히 세포 시스템과 상호작용할 수 있는 공학적 회로를 디자인할 수 있는가가 가장 중요한 관건이 될 것으로 예측된다.

합성생물학의
위험성

새로이 출현한 합성생물학의 가능성과 안정성에 대한 논의가 시작되던 무렵인 2012년 6월 《네이처Nature》에 발표된 논문 하나는 전 세계를 긴장시켰다. 이 논문은 조류를 숙주로 하는 독감 바이러스에 합성생물학 방법을 조금 적용했을 때, 아주 쉽게 인간이 감염될 수 있는 형태의 조류독감 바이러스를 만들 수 있다는 것을 보고하였고, 이는 합성생물학이 갖는 위험성을 우리에게 환기시켰다. 그 이전인 2005년에는 합성생물학적 방법을 적용해 1918년, 제1차 세계대전 사망자보다 더 많은 5,000만 명의 생명을 앗아간 것으로 추정되는 스페인 독감 바이러스를 다시 실험실에서 합성해 복원했다. 현재는 마음만 먹으면 인터넷을 통해 누구든 접할 수 있는 바이러스의 유전자 정보를 기초로, 합성생물학적 방법을 적용하여 많은 종류의 치명적인 바이러스를 실험실에서 쉽게 만들어낼 수 있다. 즉, 합성생물학이 바이오테러를 위한 생물무기

생산에 아주 쉽게 적용될 수 있다는 의미이다.

　이러한 위험성은 앞에서 언급한 커뮤니티 랩과 DIY 생물학Do-it-yourself Biology 운동 등 급속히 확산되는 과학 연구의 대중화와 맞물려 예측할 수 없는 방향과 속도로 달려가고 있다. 대중이 취미로 합성생물학적 방법을 이용해 실시하는 실험의 내용을 하나하나 구체적으로 감시하거나 규제할 방법이 여의치 않기 때문이다.

　최근 확산되고 있는 바이오해커biohacker·biopunk가 합성생물학과 결합하는 추세도 그냥 지나칠 수 없는 위험 가능성을 내포한다. 해킹은 원래 컴퓨터 과학에서 시작된 일종의 놀이로, 누구나 접근 가능하도록 정보의 자유를 보장하고 이를 통한 인간 삶의 질 향상을 철학적 기반으로 하는 운동이다. 해킹이 합성생물학으로 대표되는 대중화를 추구하는 생명과학 연구와 빠르게 결합하면서 그 영역을 생명과학 연구로 확장하고 있다. 이런 철학으로 생명 관련 연구를 수행하는 사람들을 바이오해커라고 한다. 바이오해커는 제도권 밖에서 행해지는 생명과학 연구를 추구하며 커뮤니티 랩을 중심으로 빠르게 늘어나고 있다. 바이오해커는 유전자 염기서열을 결정하거나 PCR 등 쉬운 연구부터 의학·분자생물학·영양학·전자공학 등 다양한 과학을 융합하고 응용해 기기나 약품, 진단시약 등을 개발하는 연구까지 그 영역을 넓히고 있다. 또한 이렇게 개발된 제품을 직접 인체에 적용해 인간의 기능을 향상시키려는 시도까지 광범위한 연구를 진행 중이다. 과학기술의 발전을 추종하는 바이오해커들은 인간을 넘어서는 포스트휴먼post-human●이나 사이보그●●같은 인간의 능력을 확대해 인간 삶의 질을 향상시키려는 목표로 그 영역을 확장하고 있다. 이런 바이오해킹의 주요 대상이나 방법이 합성생물학인 바, 우리가 어떻게, 어떤 근거로 합성생물학의 연구를 조절할 수 있는가는 단순히 과학적 영역을 넘어서는 새로운 사회적 도전으로 인식되어야 한다.

지금은 만약 테러단체가 전 세계적으로 합성생물학을 이용해 생화학 살상무기를 만드는 시도를 해도 막을 방법이 없는 상황이다. 이런 위험성은 테러국 중 하나인 북한과 대치하고 있는 우리의 상황을 생각하면 더 높아진다. 북한은 세계 과학계와 거의 교류가 없어 내부에서 진행되는 연구의 내용이나 방향을 알기 어려운 특성이 있기에 북한의 합성생물학 발전 추세도 무심히 지나칠 수만은 없다.

● 포스트휴먼은 공상과학 소설이나 철학에서 유래한 개념으로 개체가 인간의 한계를 넘어서는 상태를 지칭한다. 일반적으로 인간이 과학기술로 기존의 한계를 극복하는 단계를 의미하는 개념으로 사용된다.

●● 사이보그는 기계에 의해 인간의 한계를 극복하고 인간의 신체 능력이 기계를 통해 확장된 개체를 통칭한다.

합성생물학이 던지는
질문들

어떤 과학과 기술이건 모두 양날의 칼일 수 있다. 합성생물학은 그 대표적인 예이다. 가속하고 있는 합성생물학의 발전 속도를 보며 합성생물학이 현재 우리가 가지고 있는 의약, 에너지, 환경 문제 등을 해결해줄 것이라는 장밋빛 청사진을 그려보지만 한편으로 두려움을 떨쳐버릴 수가 없다. 우선 이렇게 디자인되어 만들어진 합성생명체가 기본적인 생명의 특징을 보인다면 우리는 이들을 모두 생명체로 받아들여야 하는가 하는 생명윤리의 철학적 문제가 있다. 조만간 더 복잡한, 소위 고등동물로 확대될 합성생물학의 미래를 생각하면, 생명이란 무엇이며 생명체는 어떤 윤리적 기반으로 접근되어야 하는가 등 생명의 본질에 대한 합의나 그를 다루는 생명윤리는 눈 감고 지나갈 수 없는 문제이다.

또 더 시급하게는 합성생물학으로 만들어지는 생물체의 안정성 및 보안과 이에 관련된 안보의 실질적인 문제가 발등에 떨어져 있는 상태이다. 합성생물학의 시발지인 미국과 영국 등에서도 이렇게 디자인되어 만들어진 합성생명체의 안정성을 보장할 수 있는가, 누가 합성생물학의 위험성을 대비하고 통제할 것인가, 어떤 제도적 장치들이 마련되어야 할 것인가 등에 대해 논의만 진행하고 있을 뿐 아직 구체적인 법규나 가이드라인이 제시되지 못하고 있다. 이런 가운데 앞에서도 언급한 대로 바이오브릭 등 정보가 대중에게 모두 공개되고 커뮤니티 랩을 중심으로 대중의 실험이 독려되고 있는바, 이는 안정성과 보안에 대한 논의를 더 복잡하고 어렵게 하고 있다. 무엇보다 두려운 점은 우리 사회에서 합성생물학은 경제적 이익을 창출할 수 있는 새로운 기술 정도로 인식되고, 그 윤리적 함의나 안정성, 보안 문제, 규제 등에 대해 정책적 고민이나 열린 논의가 없다는 것이다. 이 모든 것이 우리가 합성생물학에 더 관심을 갖고 그 진행 추이를 주시해야 하는 이유이다.

신이 된 과학자

〔더 알아보기〕

인류에 의한
생명체 변형의 역사

송기원

연세대학교 생명시스템대학 생화학과 교수
언더우드 국제대학 과학기술정책전공 교수

농경시대의 시작과
교배에 의한 생명체 변형

　　　　　　　　　　사람들이 '인류에 의한 생명체의 변형'이라는
말을 들으면 머릿속에 어떤 이미지를 떠올릴까? 아마도 그간 언론을
통해 많이 들어왔던 콩이나 옥수수 등 GMO 먹거리가 생각날 수 있
다. 영화 〈스플라이스〉에 나왔던 생명체처럼 SF 소설이나 영화에 등
장하는 이질적이고 공포스러운 생명체를 떠올릴지도 모른다. 상상하
는 것이 그 무엇이든 생명체의 변형이 첨단 현대 과학의 산물이라고
생각하기 쉽다. 그러나 생각보다 인류의 생명체 변형의 역사는 먼 옛
날부터 시작되었고, 과학자가 아닌 농부들에 의해 주도되었다. 사실
지금 우리 주위에 있는 개와 같은 동물이나 대부분의 먹거리 식물은
인류에 의한 생물체 변형의 산물이라고 할 수 있다.

　인류 역사 중 99퍼센트 이상은 수렵이나 채집을 통해 에너지를 얻
고, 먹고사는 것을 해결하던 선사시대이다. 이때 인류는 다른 동물들
과 큰 차이가 없었다. 먹을 것은 자연이 제공해주었고, 인간은 자연에
서 필요한 것을 얻어가는 수동적인 생활양식이 아주 오랜 시간 동안
지속되었다. 인류가 다른 동물들과 차이를 갖게 된 것은 바로 농사를
짓고 가축을 기르며 정착 생활을 하기 시작하면서부터이다. 신석기인
들은 식물의 씨앗을 땅에 심으면 싹이 트고 자라나서 다시 씨앗을 만
들고, 낟알을 많이 만드는 개체의 씨앗에서는 그 특징을 물려받은 개

체가 자라난다는 '식물의 법칙'을 발견했다. 지금 우리에게는 너무 당연한 '콩 심은 데 콩 나고 팥 심은 데 팥 난다'라는 경구는 자연을 절대적인 존재로 여겼던 당시 신석기인들에게는 아인슈타인의 상대성이론에 비견될 놀라운 지식이었을 것이다. 식물의 법칙을 발견한 신석기인들은 식량의 조달방식을 기존의 수렵과 채집에서 농사로 전환했다. 기원전 1만 년경 처음으로 농사를 짓기 시작했고, 기원전 3,000년경에 농업은 전 지구적으로 확산되었다. 이 시기 세계 곳곳의 신석기 농부들은 자신들의 환경에 가장 적합한 식물 종을 선택하여 집중적으로 재배하기 시작했다. 메소포타미아 지역에서는 밀이, 중국 남부에서는 쌀이, 그리고 중앙아메리카에서는 옥수수의 조상인 테오신테가 선택받았다.

더 좋은 개체의 씨앗을 골라 심으면 더 좋은 후손을 얻을 수 있다는 것을 깨닫게 된 인류는 교배에 의한 생명체 변형을 시작했다. 그 좋은 예가 옥수수이다. 수백 개의 낟알이 열리는 지금의 옥수수와는 달리 테오신테는 겨우 10여 개 남짓의 아주 작은 낟알이 열리는, 거의 잡초에 가까운 식물이었다. 게다가 이 강아지풀 같은 테오신테의 낟알은 너무나 딱딱해서 '과연 이게 먹을 수 있는 걸까'라는 생각이 들 정도였다. 이런 보잘것없는 식물을 가지고 농부들은 수천 년에 달하는 오랜 시간 동안 끊임없이 더 부드럽고, 더 많은 낟알이 열리는 테오신테의 종자를 받아 심기를 반복했다. 크기도 작고 먹기도 힘들었던 테오신테는 긴 시간과 노력이 더해져 12세기에 접어들면서 현대의 옥수수의 모습으로 변화했다. 중앙아메리카에서는 옥수수 농업이 잘 정착하여 인구가 증가했고 이는 마야 문명 탄생의 밑바탕이 되었다. 이렇듯 인간이 본격적으로 농사를 시작하여 먹을 만한 작물을 만들기까지 걸린 시간은 약 3,000년 이상이다. 3,000년이라는 시간은 길게 느껴질 수도 있지만, 인류 역사 전체로 볼 때는 0.1퍼센트도 되지 않는 아주 짧은 시간이다. 교배를 통한 생명체의 변형으로 인류는 0.1퍼센트의 짧은 시간에 생활양식을 완전히 바꾸는 혁명이 가능했고, 문명이 급속도로 발전했다. 자연 상태에서 한 종이 진화하는 속도에 비교해본다면 농작물의 입장에서도 짧은 시기에 엄청난 변화를 겪었다고 할 수 있다. 농부들이 이룩한 위대한 전통과 유산은 19세기까지 큰 변화 없이 이어져 내려왔다.

근대 생명과학의 발달

19세기의 생물학 분야의 중요한 두 가지 발견은 생명체에 대한 시각과 생명과학의 연구 방향을 완전히 바꿔놓았다. 첫 번째는 다윈Charles Darwin의 진화론으로 생명체는 변이에 의해 변화하고 환경에 따라 생존에 유리한 것이 선택된다는 '자연선택'의 개념을 담고 있다. 두 번째는 멘델Gregor Mendel의 유전법칙으로, 생물체에는 '유전인자'●라고 불릴 수 있는 물질이 존재하며 유전인자의 전

● 유전인자는 멘델이 유전법칙 발견 당시 그 실체를 전혀 몰랐기에 인자factor라는 것의 존재를 가정한 데서 쓰인 표현이다. 멘델은 개체마다 2개의 인자가 있다고 가정하여 유전법칙을 발견했다.

달과 발현에는 특정한 규칙이 존재한다는 것을 밝혔다. 사실 멘델의 등장 이전에도 자손은 부모를 닮기에 유전 현상이 존재한다는 것은 알고 있었다. 그러나 유전 현상은 지금 우리가 알고 있는 과학적 사실과는 사뭇 다른, 거의 동양에서 이야기하는 '기氣'에 가까운 개념이었다. 그렇기에 유전 현상은 인간이 예측하거나 통제할 수 없는 것이라 여겨졌다. 그러나 멘델은 유명한 완두콩 교배 실험으로 유전 현상에 법칙이 있고 예측 가능한 과정이라는 것을 처음 발견했다. 20세기에 들어서면서 이 개념은 더 구체화되었다. 1910년, 유전학자 모건Thomas Morgan은 초파리를 이용해 멘델이 주장했던 '유전인자'가 세포의 핵에 위치하는 염색체에 존재한다는 것을 밝혔다. 또 DNA가 유전인자를 구성하고 있으며 유전인자인 유전자가 단백질을 만들어냄으로써 생명체의 형질을 발현한다는 사실이 차례로 밝혀졌다. 이러한 '생명체 법칙'에 대한 과학적 발견들로, 아주 오랜 시간 동안 농부들의 영역이었던 생명체 변형이 과학자들의 영역이 되기 시작하였다. 과학자들은 이전까지 없던 생명체의 유전적 지식을 품종 개량에 적용하여 좀 더 예측 가능한 방향으로 원하는 형질을 가진 생명체를 만들어내게 되었다.

과학자들은 식물세포에 세포분열 시 염색체 분리를 방해하는 화학물질인 콜히친colchicine을 처리해서 정상적인 개체에 비해 유전정보를 담고 있는 염색체의 수를 2배 혹은 4배로 늘린 다배수체 농작물들을 만들어냈다. 이러한 다배수체들은 기존의 개체보다 유전자의 발현양이 더 많기에 크기도 더 크고 더 많은 낟알과 열매를 만들 수 있다.

현재 우리가 먹고 있는 모든 밀이 이런 다배수체이다. 염색체 수를 조작하는 것 외에도, 세포에 각종 화학약품이나 X선을 이용하여 인위적으로 돌연변이를 유도한 후, 그중에서 원하는 형질을 가진 개체를 골라내는 방식을 사용하기도 했다. 농부들이 수천 년 동안 해왔던 일을 과학자들은 생명과학의 지식을 응용하여 단 몇십 년 만에 따라잡은 것은 물론, 비교할 수 없는 속도로 추월하기 시작한 것이다. 우리나라의 유명한 과학자인 우장춘 박사도 바로 이 시기에 활동했다. 우리에게 우장춘 박사는 '씨 없는 수박'으로 유명하지만[1] 사실 그의 진짜 업적은 다른 데 있다. 1935년 우장춘 박사는 배추와 양배추의 유전자 분석을 통해 종간 잡종이 가능할 것이라고 제안했고, 이를 실험을 통해서 직접 증명했다. 이 연구는 다윈의 진화론을 수정하게 만드는 원인이 되었으며, 80년이 지난 현재까지도 관련 연구에 필수적으로 인용되는 아주 중요한 논문이다.

1940년까지의 생명과학적 발견은, 생명체가 유전자의 정보를 바탕으로 만들어지며, 이 유전자는 DNA 분자 내에 기록되어 있다는 것이다. 또한 X-레이나 화학물질들을 이용해 DNA에 손상을 가하여 유전자를 변형시키는 방법으로 돌연변이를 얻어내는 것도 가능했다. 하지만 이 시기까지의 생명체 변형은 우연적 요소에 기대는 부분이 컸던 것이 사실이다. 자연스레 과학자들의 생각은 유전자를 '선택적으로' 조작할 수만 있다면 인간이 원하는 대로 생명체를 변형할 수 있다는 생각에 이르게 되었다.

유전공학(유전자 재조합) 시대의
도래

생명체의 본질을 이해하고자 하는 과학자들의 꿈을 가로막는 문제는 바로 유전자인 DNA가 어떤 구조로 형질을 결정하는 유전자로서 기능을 수행할 수 있는가였다. 라이너스 폴링 Linus Pauling을 비롯한 당시의 천재적인 과학자들이 이 문제에 도전장을 내밀었지만 번번이 실패했다. 그러던 중 1953년, 자신만만한 두 젊은 과학자 제임스 왓슨James Watson과 프랜시스 크릭Francis Crick에 의해 DNA가 이중나선 구조인 것이 밝혀졌다. 이 발견은 유전자의 조작을 통한 생명체 변형을 가능하게 하는 초석이 되었다. DNA 구조에 이어 DNA가 유전정보로서의 기능을 수행하는 기전이 밝혀지면서 시작된 분자생물학은 1970년대에 들어오면서 생명체에서 특정 유전자를 분리하고 그 기능을 알아낼 수 있는 기술을 제공하였다. 과학자들은 DNA에 존재하는 특정 유전자를 이용해 생명체를 변형하기 위해 이제 DNA를 어떻게 자르고 이어 붙일 것인가 방법을 찾기 시작했다.

1970년대, DNA 사슬을 자르는 '가위'는 미생물인 세균에서 찾아냈다. 바로 제한효소라는 단백질이다. 제한효소는 6~20개 염기쌍 DNA의 정해진 특정 염기서열을 자를 수 있다. 다양한 미생물에서 다른 배열의 염기쌍 DNA를 자를 수 있는 여러 종류의 제한효소들이 발견되면서, 원하는 DNA를 자르고 붙이는 데 이용할 수 있게 되었다.

원래 미생물이 이들 제한효소를 가지고 있는 것은 바이러스나 다른 미생물의 DNA가 들어왔을 때 그 유전정보를 잘라 없애려는 일종의 방어기전이었다. 인간이 여러 종의 미생물에는 각기 다른 염기서열을 인식하는 다양한 제한효소가 있다는 것을 발견하고, 대량생산하여 염기서열에 따라 DNA를 마음대로 자를 수 있게 된 것이다. 잘라낸 DNA 조각을 이어 붙이는 '접착제'는 인간을 포함한 모든 생명체가 가지고 있는 DNA를 서로 이어 붙이는 효소인 '리가아제ligase'를 이용하였다. 또한 1970년대 후반에는 DNA 시퀀싱이라는 염기서열 해독 기술 덕분에 네 종류의 염기, A(아데닌), T(티민), G(구아닌), C(시토신)의 서열이 이중나선 구조로 쌍을 이루는 DNA의 염기서열을 읽어내어 유전정보를 해독할 수 있게 되었다.

1988년, DNA를 쉽게 자르고 붙일 수 있도록 실험실에서 원하는 DNA만 빠르고 많이 복제해 증폭할 수 있는 PCR이라는 방법이 발견되었다. PCR은 DNA를 시험관에서 합성할 수 있는 중합효소의 연쇄반응Polymerase Chain Reaction, PCR이다. 쉬운 말로 풀어보자면, PCR은 온도를 아주 높여 두 가닥으로 된 DNA 이중나선을 열어주어 DNA 가닥 각각을 새로운 DNA를 합성하기 위한 틀로 만든 후, 온도를 낮추어 각 틀에 대해 짝을 이루는 염기서열의 DNA를 합성하는 과정으로 이루어진다. 두 가지 색깔의 끈으로 이루어진 하나의 노끈을 풀어 각각 다른 색깔의 끈을 더하여 똑같은 두 개의 노끈을 만든다고 생각하면 이해하기 쉬울 것이다. 이 과정을 여러 차례 반복해 원하는 부분의

DNA 이중나선을 많이 복제해내는 것이다. 새로 만들어진 DNA도 그 다음부터는 틀로 사용되기 때문에 기하급수적으로 DNA 조각의 수를 늘릴 수 있다. 《뉴욕 타임스The New York Times》는 이 발견을 두고 '생물학의 역사는 PCR 이전과 이후로 나뉘게 될 것'이라고 대서특필하기도 하였다. PCR 기술로 지극히 미량인 DNA 용액에서 연구자가 원하는 특정 DNA 조각만을 선택적으로 증폭시킬 수 있게 되어 인간 유전체 프로젝트가 기술적으로 가능해졌다. 또한 PCR은 DNA 증폭에 필요한 시간이 2시간 정도로 짧으며, 실험 과정이 단순하고, 전자동 기계로 증폭할 수 있다. PCR과 여기서 파생한 여러 가지 기술은 이후 분자생물학, 의료, 범죄 수사, 생물의 분류 등 DNA를 취급하는 모든 작업 전반에서 지극히 중요한 역할을 담당하게 되었다.

한편 우리가 원하는 유전자를 생물체 내로 쉽게 전달하여 발현시킬 수 있는 유전자 전달책으로 사용 가능한 벡터라고 불리는 매개체도 발견되어 이용하기 쉽도록 개발되었다. 제일 처음 개발된 벡터는 세균에 유전자를 임의로 전달하여 발현시킬 수 있는 플라스미드plasmid였다. 플라스미드는 원래 세균이 자신의 유전체 이외에 추가로 가지고 있는 작은 원형의 DNA이다. 몇 개의 유용한 유전자를 가지고 있으면서 이들 유전자를 이 세균에서 저 세균으로 쉽게 전달하는 특징을 갖는다. 플라스미드는 자연계에서 세균이 유전정보를 교환하는 방법으로 이미 이용해온 수단이었다. 과학자들은 우리가 원하는 유전자의 DNA를 제한효소로 잘라 플라스미드에 쉽게 붙여 넣을 수 있도록 변형하였고, 이렇게 유전자를 집어넣은 플라스미드는 세균에 쉽게 집어넣을 수 있다. 따라서 우리가 원하는 유전자를 쉽게 세균에 전달하는 매개체로 플라스미드를 사용할 수 있게 되었다.

또 식물에 공생하는 미생물 아그로박테리움agrobacterium의 플라스미드는 식물체에 유전자를 전달하는 매개체인 벡터로, 동물 세포를 숙주로 하는 바이러스는 동물에 유전자를 전달하는 매개체인 벡터로 각기 개발되었다. 이렇게 하여 우리가 유전자라 부르는 DNA를 의도대로 조작하고 원하는 생물체 내로 전달해 발현시킬 수 있는 기술적 기반이 완성되었다.

이런 기술들을 통해 자연적인 교배 등의 방법으로는 서로 전혀 유전정보를 주고받을 수 없는 동떨어진 종들 간에 인간의 의도대로 필요한 유전자를 집어넣고 발현시키는 생물체의 변형이 가능해졌다. 이것이 유전공학이라고 불리는 기술이다. 우리 주변에 쉽게 눈에 띄는 유전공학 기술의 재미있는 예가 딸기이다. 우리가 이제는 겨울을 제철로 아는 딸기의 원래 제철은 5~6월 사이였다. 딸기를 겨울 과일로 바꾼 범인은 다름 아닌 북대서양의 넙치이다. 자연적인 방법인 교배로 넙치와 딸기의 유전정보를 교환할 수 없다는 건 당연한 상식이다. 유전공학 기술의 발달로, 추위에 잘 견디게 하는 넙치의 유전자를 딸기에 넣어 발현시킬 수 있었고, 겨울에도 쉽게 얼지 않고 잘 자라는 딸기를 재배할 수 있게 된 것이다. 우리는 이렇게 다른 생물체의 유전자에 의해 원래 고유의 유전정보가 변형된 생명체를 트랜스제닉 transgenic이라 하고 일반인들의 용어로는 GMO 혹은 LMOLiving Modified Organism라고 부른다.

초기의 GMO는 상업적 목적이 아닌 순수 생명과학 연구 목적으로 주로 이용되었다. 유전자의 기능을 밝히고자 하는 순수 과학적 동기가 아닌 경우 인위적인 유전자를 사용하는 생명체의 변형은 크게 두 가지 목적을 갖는다. 첫 번째는 변형된 생명체에서 인간이 원하는 물질을 손쉽게 대량으로 얻는 것이다. 두 번째는 변형된 생명체 자체의 경제적 가치를 원래 생명체보다 월등히 높이는 것이다. 인간이 원하는 물질을 손쉽게 대량으로 얻으려면 주로 세균 등 미생물에 특정 유전자를 전달해 이들 유전자들을 발현시키며 그 과정도 아주 간단하다. 앞에서 언급한 플라스미드에 발현시키고 싶은 단백질에 대한 유전자를 잘라 붙인 후 세포 내로 넣어주고 배양하면 된다. 세균은 매 20분마다 분열해 증식하므로 하루만 배양해도 엄청난 양의 원하는 단백질을 얻을 수 있다. 이렇게 미생물을 이용해 원하는 물질을 대량으로 얻게 된 첫 번째 사례가 바로 혈당을 조절하는 단백질인 인슐린 insulin이다. 1980년대 초반 대장균에 사람의 인슐린 유전자를 주입해 인슐린을 적은 비용으로 대량생산할 수 있게 되었고 인슐린의 가격을 대폭 낮출 수 있었다. 이후 대장균을 비롯한 다양한 미생물에 인간 유전자를 주입해 항바이러스제이자 면역증가제인 인터페론interferon, 성장을 촉진시키는 성장호르몬, 예방주사용 백신 등 수많은 단백질 치료제를 손쉽게 대량 생산할 수 있게 되었다.

변형된 생명체 자체의 경제적 가치가 원래 생명체보다 월등히 높아지는 경우는 지금 GMO라고 하면 우리에게 가장 쉽게 떠오르는 콩, 옥수수와 같은 농작물들이다. 최초의 상업적 GMO로 알려진 무르지 않는 토마토[2]의 경우 1980년대 말, 미국 캘리포니아 대학교 데이비스 캠퍼스의 생물학 실험실에서 돌연변이에 대한 연구를 위한 '실험재료'로 개발되었다. 하지만 이 새로운 토마토의 상업성을 발견한 종자회사 칼진Calgene은 연구팀으로부터 특허권을 사들인 후, 상품성을 갖춘 품종으로 개량해 '플레이버 세이버Flavr Savr'라는 이름으로 시장에 출시했다. 이 혁신적인 신제품을 앞세운 칼진은 순식간에 4조 달러 규모의 미국 토마토 시장을 석권하게 되었다. 칼진의 성공 이후 몬산토Monsanto의 제초제 내성을 가진 콩Roundup Ready, 노바티스Novartis의 병충해에 강한 옥수수Bt maize 등 여러 상업적 GMO들이 쏟아져 나오기 시작했다.

GMO와 관련된 과학 연구와 산업의 급속한 성장 뒤에는 미국 정부의 강력한 지원과 기업의 과감한 투자, 그리고 무엇보다도 기업과 정부 사이의 강력한 협력 관계가 존재했다. 1980년대 미국은 생명과학 분야를 국가의 미래 경쟁력으로 생각하고 약 4조 달러 규모의 연구개발R&D 비용을 투자했다. 막대한 규모의 연구비는 캘리포니아 대학교 데이비스 캠퍼스 연구팀의 무르지 않는 토마토를 비롯한 여러 과학적 성과들을 낳았으며, 이는 칼진, 몬산토와 같은 종자회사들의 신제품 개발로 이어졌다. 종자회사들이 막대한 부를 창출하는 것은 곧 국력에 직접적으로 연결되었으므로 미국 정부는 각종 규제 완화와 연구비 지원을 통해서 종자회사들을 적극 지원하고 나섰다. 그 결과 1996년에 2퍼센트였던 몬산토의 GMO 콩 종자의 세계시장 점유율은 2008년에는 90퍼센트에 이르게 된다.

GMO의 성공적 상업화에 힘입어 기술 또한 급격하게 성장했다. 비타민A 성분을 지닌 쌀처럼 원하는 영양소를 생산하는 생명체를 만들어낼 수 있게 되었고, 특정 병충해에 내성이 있는 작물도 만들었다. 지금도 유전자 변형 식물체는 인류의 식량 문제와 에너지 문제를 해결해줄 것으로 기대를 모으면서 그 영역을 확장해가고 있다. 농업 분야를 넘어서 환경 분야의 필요에 따라서 원유 유출 사고가 났을 때 활용할 수 있도록 석유를 분해하는 박테리아 등이 만들어졌다. 인간에게 좋다는 오메가-3 불포화지방산을 만들도록 변형시킨 돼지, 성장호르몬을 과다하게 만들어내 빨리 자라도록 변형시킨 연어, 인간 초유에 풍부한 항 바이러스성 물질인 락토페린 유전자를 이식한 젖소 등 인간의 영양 충족 욕구나 경제적 필요에 의해 유전자 변형 동물도 만들어냈다. 또한 빈혈 치료제인 조혈촉진인자 등 다양한 의약품의 유전자를 LMO 동물에서 발현시켜 이들 동물의 젖이나 소변 등 분비물을 통해 쉽게 대량으로 생산하려는 여러 가지 시도가 계속되고 있다.

하지만 안타깝게도 인류의 식량 문제 해결과 장밋빛 미래를 약속한다는 GMO 기업들의 주장 뒤에는 다국적 기업의 독점 횡포, 작물 품종의 다양성 위협, 생태계 교란 등 여러 문제가 도사리는 것이 현실이다.

신이 된 과학자

〔신학〕

생명을 기계로 보는 것에
반대한다

신학의 눈으로 본 합성생물학

방연상

연세대학교 신과대학 연합신학대학원 교수

언더우드 국제대학 과학기술정책전공 교수

생물의 '공동 창조자'와 '파괴자'의
갈림길에서

합성생물학의 출현으로 인간은 매우 중요한 선택의 기로에 서게 되었다. 근래에 이르기까지 인간은 자신을 포함한 여타 생명체들의 형태나 기능 및 요소들을 지구 생태계라는 기존의 조건하에서만 어느 정도 변형시키거나 향상시킬 수 있었다. 그러나 합성생물학의 출현으로 이제는 전혀 다른 유형의 생명체를 디자인하거나, 더 나아가 생태계 시스템 자체를 새롭게 디자인하고자 하기 때문이다. 물론 여전한 기술적 한계가 있기는 하지만, 중요한 것은 이러한 인간의 열망과 기술의 지향점이 우리를 어떠한 미래로 이끌어 갈 것인지에 있다.

섣불리 예단할 수는 없겠지만 만약 합성생물학이 오늘날의 생물 산업이 보여주는 탐욕적 형태와 별다른 차이가 없는 길을 선택한다면 어떻게 될까? 이익이 되는 분야에는 연구를 집중하고, 수익성이 없는 분야는 수요가 있더라도 외면하는 모습처럼 말이다. 예를 들어 제3세계와 대부분의 가난한 나라에서 필요한 질병 퇴치에는 신약 개발 노력을 기울이지 않고, 선진국에서 대두되는 치매(알츠하이머)와 같은 질병에만 신경을 쓰는 모습 말이다. 그 결과는 돌이킬 수 없는 대재앙이 되지는 않을까? 대개의 경우 이러한 두려움부터 앞선다. 그렇다고 우리가 무작정 "인공적인 생명의 창조는 신의 형벌을 가져오게 할 것이므로 인간이 절대로 개입해서는 안 된다"라는 제러미 리프킨Jeremy Rifkin의 종교성 짙은 경고에 수긍하고 모든 것을 중단해야만 하는 것일까?

흥미로운 것은 이와 같은 종교적 사유방식 안에서도 전혀 다른 접근 방식이 존재한다는 점이다. 인공생명을 창조하는 것이 신의 재앙을 불러일으킨다는 사유도 물론 가능하지만, 자연을 신성한 것으로 여기는 것이 오히려 "이교도적인" 사상이며, 인간은 단지 신의 피조물일 뿐인 자연을 적극적으로 책임지고 활용하면서 개선해 나가야 한다고 주장할 수도 있기 때문이다. 프랜시스 베이컨Francis Bacon은 "성서의 신은 자연의 창조주이자 초월자로서, 신의 의지는 자연의 너머에 있는 것이며 자연은 단지 신의 피조물로서 신의 지혜와 힘을 보여주고 있는 것"이라고 말했다.

근래에 이와 유사한 이신론理神論, deism●적 주장을 펼친 학자로는 필립 헤프너Philip Hefner가 있다. 헤프너는 신을 '자연을 완전히 초월한 존재'로 생각하므로 자연은 성스러운 것이 아니라고 말한다. 그

● 이신론은 18세기 계몽주의 시대에 등장한 철학(신학)이론으로서, 기본적으로 신을 역사에 개입하거나 인간과 관계 맺는 '인격적 존재'로 생각하지 않는다는 점에서 전통적 기독교 신관과는 배치된다. 이신론에 따르면 신은 이 세계를 이성적·물리적 법칙에 의해 완전하게 조절되도록 만들었기 때문에 세계를 창조한 뒤에 더 이상 세계에 계시나 기적 등을 통해 관계하지 않는다고 본다. 대표적인 이신론자로는 영국의 존 로크John Locke, 프랑스의 장자크 루소Jean - Jacques Rousseau 등이 있다.

리고 인간은 '신의 형상으로 창조된 존재'이므로 신의 창조 활동에 당연히 참여할 수 있다고 주장한다. 헤프너는 "인간은 인공적 조작 artificial manipulation을 통해서 자연을 조절해야 하는 책무와 힘을 가지고 있으며 생명과 삶의 조건을 향상시키기 위한 도덕적 의무가 있다"라고 주장한다. 동시에 "인간은 신의 형상으로 창조되었기 때문에 창조자인 신의 창조성을 동일하게 가지고 있는 '창조된 공동 창조자'Created Co-creator"라고까지 규정한다. 인간은 "창조되었기" 때문에 신처럼 무無로부터의 창조는 할 수 없지만, "공동 창조자로서" 창조 세계에 일정한 변화를 가져올 수는 있다는 것이다. 헤프너는 인간이 이와 같은 일을 수행할 때는 반드시 신의 조력자로서 존경심과 조심스러운 태도를 가져야만 한다고 덧붙인다.

한국의 경우 이러한 급진적 사유를 하는 종교인을 만나기는 매우 힘들다. 대개의 경우 자연은 신성이 내재하는 신비한 것으로 생각하기 때문에 함부로 침범해서는 안 된다는 생각을 가지고 있다. 그런 사람들에게 생명을 인공적으로 조작한다는 것은 어림도 없는 일이며, 조작을 넘어 생명을 합성한다는 것은 생각할 수도 없는 일일 것이다.

그러면 비종교인의 경우는 사정이 어떨까? 어떤 합의된 관점이 존재하고 있을까? 안타깝게도 사정은 그렇게 다르지 않다. 비종교인의 경우에도 자연에 대한 사유는 크게 두 가지 입장이 팽팽하게 대립하고 있다. 첫째 입장은 자연은 인간의 목적을 위한 수단으로서 철저하게 탈신성화되어야 한다는 입장이고, 둘째 입장은 자연은 인간이 그 안에서 공생하면서 살아가야 할 어머니와 같은 존재이므로 어떠한 다른 가치보다 선행해야 한다는 것이다.

이처럼 우리는 '자연'이나 '생명'에 관하여 사유함에 있어서 그가 종교적 혹은 비종교적인 것에 관계없이 크게 두 가지 대립하는 입장을 가지고 있다. 그 이유는 무엇일까? 왜 우리는 이런 문제에 대하여 합의된 견해를 가지지 못하는 것일까? 이에 대하여 마이클 샌델Michael Sandel은 '인간 본성의 도덕적 지위'나 '주어진 세계 안에서 인간의 적절한 지위'와 같은 근본적인 문제가 아직 해결되지 못했기 때문이라고 주장했는데, 이것은 매우 일리가 있는 말이다.

하지만 샌델의 견해를 받아들이더라도 한국의 경우 문제는 더욱 심각해진다. 한국 사회는 그러한 문제들에 관한 생각을 가다듬을 수 있는 환경 자체가 형성되지 못했다. 획일적이고 일방적인 교육환경 속에서 경쟁하며 힘겹게 대학의 문턱을 넘은 많은 학생들은 또다시 피 말리는 스펙 경쟁에 함몰되어버리고 만다. 그러므로 이러한 문제들에 대하여 깊이 있게 성찰하기는 거의 불가능하다. 그 결과 스스로 생각해볼 시간도 가지지 못한 채 지배적인 담론 속에서 특정한 입장을 강요받고, 때로는 그러한 사실조차도 인지하지 못한 채 특정한 입장을 자기의 고유한 것인 양 여기며 살아왔다. 그러니 진정한 의미에서의 대화와 토론도 쉽지가 않다.

그리고 그 대표적인 예가 '합성생물학'이라고 할 수 있다. '합성생물학'이라는 말 속에는 이미 특정한 형이상학적 입장과 어떠한 윤리적 판단이 내포되어 있음에도 불구하고 이를 인지할 수 있는 비판적 안목을 가진 사람은 그렇게 많지 않다. 함께 둘러앉아 이와 같은 시도의 공과 실을 따져보기도 전에 이미 그것은 공고한 위치를 점유하게 되었다. 합성생물학적 시도가 '틀렸다'라는 것을 말하는 것이 아니라, 사람들이 자기의 생각을 가다듬기도 전에 '이미 그러함'부터 강요받는 안타까운 현실을 지적하고자 할 따름이다.

하지만 우리가 합성생물학의 출현을 이미 피할 수 없는 현실로서 인정한다면, 이를 덮어두고 반대하거나 맹목적으로 추종하기보다는 먼저 정확하게 아는 것부터 선행되어야 한다. 그러므로 여기서는 '합성생물학'이라는 인간 행위의 이면에 있는 생명에 대한 특정한 생명관과 인간관을 비판적으로 검토하고자 한다.

신이 된 과학자

합성생물학이 다시 제기하는
생명관의 문제

2010년, 크레이그 벤터 박사가 인공세포를 합성한 연구 결과를 발표했다. 이에 대해 다양한 반응들이 있었지만 그중에서도 리드 대학교의 철학인문학 교수인 마르크 베다우Marc Bedau는 "인류가 생명에 관해 배울 수 있는 전례 없는 기회를 얻게 되었다"라고 매우 긍정적으로 평가했다. 그리고 그는 "생물의 유전 정보를 완벽하게 통제할 수 있다면 생명이 어떻게 작동하는지를 더욱 확실하게 탐구할 수 있을 것이고 이렇게 생산된 인공 유전체를 통해서 인류는 이제 무생물에서 생명체가 만들어지는 날을 앞당길 수 있을 것"이라고 주장했다.

이처럼 '합성생물학'이라는 학문 개념은 그와 쉽게 연계되는 고유한 생각들이 있으며, 누군가가 그것에 동의하지 않는다고 하더라도 이미 진행되고 있는 현실로서 우리 앞에 드러나 있다. 그러므로 벤터 박사의 업적과 베다우 교수의 기대에 대하여 어떠한 판단을 하기 이전에 그것이 가지는 일반적인 의미부터 생각해보아야 한다. 그것은 오늘날 우리에게 과연 생명이란 무엇이며, 생명은 왜 중요한 것이며, 미래에 인간의 역할은 과연 무엇이 될 것인가에 관한 오래된 물음을 다시금 활성화한다. 비록 그것이 생명에 대한 많은 사람들의 생각과는 대립하는 입장에 서 있다고 하더라도 말이다.

합성생물학의 생명관이 전제하는 가장 중요한 특징은 무엇인가? 그것은 생명에 대한 인간의 주도권을 최고로 강화해나가는 경향을 가진다는 것이다. 서구문명 형성의 한 축을 담당했던 기독교의 『성서』에서, 생명은 본래 신의 '선물'로서 이해되었다. '창세기'의 장엄한 생명 창조의 이야기로부터 영원한 생명을 이야기하는 '신약성서'에 이르기까지 신은 "생명과 호흡과 모든 것을 주시는 분"이며 "생명의 영을 보내어 모든 것을 창조하시는 분"으로 고백되어왔다. 그래서 신으로부터 주어진 '선물'인 생명은 "손수 만드신 모든 것을 보시니 보시기에 참 좋았다"는 '창세기'의 표현처럼, 그 자체로 신의 사랑과 축복의 증거이자 대상으로 여겨져왔다. 하지만 이러한 『성서』의 생명 이해와는 달리 합성생물학이 전제하고 있는 생명관은 이제 인간이 신의 자리를 대신해 생명에 대한 주도적 입장에 서서 그 소유권을 찾고자 한다.

그러면 서구문명 형성의 또 다른 축을 담당했던 고전 그리스 철학의 입장에서 보았을 때는 어떠할까? 그러한 입장에서 보아도 합성생물학은 정반대의 관점을 지지하고 있다. 합성생물학은 '살아 있는 것'을 통해 '살아 있지 않은 것'을 이해하고자 했던 서구의 고전 형이상학적 전통을 반대로 뒤집어서 오히려 '살아 있지 않은 것'

신이 된 과학자

을 통해 '살아 있는 것'을 보고자 하기 때문이다.

고대의 초기 형태로서의 과학에서는 자연을 '살아 있는 것'과 '살아 있지 않은 것'의 두 가지 형태로 보았는데, 특히 아리스토텔레스Aristoteles는 자연을 조직적으로 조사하면서 '살아 있는 것'으로부터 자연을 연구해가는 주요 모델을 제공했다. 아리스토텔레스는 '살아 있는 것'이 자연의 작동을 가장 잘 보여주는 것이며 '살아 있는 것'이 '살아 있지 않은 것'을 설명하는 데 있어서 중요한 열쇠를 제공한다고 생각하였다.

하지만 근대 이후의 일반적인 자연 탐구의 방식은 '살아 있는 것'을 '살아 있지 않은 것'을 통해 설명하고자 하는 정반대의 경향을 보인다. 한 예로 데카르트René Descartes는 동물을 '복잡한 기계'라고 생각하면서 모든 생물의 구성 요소에는 각각의 기능이 있다고 보았으며 결국 모든 것은 기계적인 상호작용을 통해서 설명될 수 있다고 생각하였다. 물론 이러한 견해는 이후에 큰 도전을 받았다. 특히 생명을 물리와 화학의 영역으로 축소시키는 것에 대한 많은 문제 제기가 있었다. 특별히 한스 드리슈Hans Driesch나 앙리 베르그송Henri Bergson은 생명에는 비육체적인 요소가 있으며 생명은 단순한 물질과는 다른 특별한 원리에 의해서 작동된다고 주장하면서 우리가 알 수 없는 영역이 존재함을 강조하였다.

그러나 '합성생물학'은 생명에 대한 서구적 사유의 전반을 형성하였던 경향에 반해 '살아 있지 않은 것'으로 '살아 있는 것'을 이해하려고 했던 데카르트적인 사유를 최고도로 강화한 결과적 행위로 보인다. 이는 과학적 사유나 실천에 있어서 우리가 여전히 근대적인 사유 방식을 벗어나지 못하고 있다는 것을 말해준다.

인간도 생명이다.
그러면 인간은 무엇인가?

근대 이후 인간은 우리가 아는 지식을 통해 세계의 모든 것을 지배할 수 있다는 열망을 끊임없이 키워왔다. 프랜시스 베이컨이 "지식은 힘이다"라고 말한 것은 그 열망을 나타냈던 초기의 선언으로 생각할 수 있다. 이제 오랜 생물학적 '지식'들이 축적된 결과 마침내 나타난 합성생물학의 '힘'은 어느 곳으로 향하게 될까? 독일의 과학자 C. F 폰 바이츠제커Carl Friedrich von Weizsaeckers의 말처럼, 우리가 얻은 그와 같은 '지식의 힘'이 결국 우리 자신을 파멸하는 것은 아닐까?

그래서 위험한 것은 단지 물질적인 측면에서의 파멸만이 아니다. 그것은 바로 우리 자신, 곧 정신적인 측면에서의 파멸이기도 하기 때문이다. 소위 과학기술의 시대를 살아가고 있는 오늘날, 많은 사람들은 과학적 설명에 큰 매력을 느끼면서도 그것의 정확한 내용이나 과정에 대해서는 잘 알지 못한 채 단순히 맹신하는 경향을 보인다. 그 결과, 인간도 결국 생명이므로 인간의 자기이해나 인생에 대한 이해조차도 모두 생물학적 원리로 환원하려는 경향이 최고조에 달하고 있다.

물론 근대정신과 근대인식에 근거한 자연과학은 인간의 본질과 의미에 관해 설명하면서 지속적으로 그러한 전략을 취해왔었다. 인간을 하나의 생물체로 환원시키고, 인간의 생물로서의 특징을 분석적으로 파악하고 객관적으로 기술함으로써 인간이 무엇인지를 설명하고자 노력해왔던 것이다. 이러한 생물학적 환원주의를 우리는 인간에 대한 많은 자연과학자들의 논의와 그들의 이론에서 발견할 수 있다.

예컨대 양자물리학자 에르빈 슈뢰딩거Erwin Schrödinger에 의하면 인간은 "생명의 정보를 저장하고 전달하는 시스템"으로 정의되며, 인간은 "톱니들이 진기하고 흥미로운 분포를 하고" 있는, 그러나 "조잡한 작품이 아니라 신이 양자역학의 방향을 따라 이룩한 가장 멋진 걸작품인 다세포 유기체"로 여겨졌다. 비록 슈뢰딩거가 인간을 신의 피조물로 생각하고 있기는 하지만, 동시에 인간은 다양한 톱니들로 구성된 "다세포 유기체"로 환원되었다.

폴 데이비스Paul Davies에 의하면, 인간의 속성은 "자율성autonomy, 생식reproduction, 대사metabolism, 영양nutrition, 복잡성complexity, 조직화organization, 성장과 발달growth and development, 정보 내용information contents, 하드웨어와 소프트웨어의 뒤얽힘hardware/software entanglement 그리고 영구성과 변화permanence and change"와 같은 생물학적 현상으로 환원된다.

또한 프랑스의 생물학자 자크 모노에 의하면 "생명의 모든 것은 단순하고 기계적인 상호작용으로 환원"되므로 "동물은 하나의 기계이다. 인간도 하나의 기계이다"라고 말해진다. '인간 기계'는 진화의 과정 속에서 우연히 생성되었기 때문에 어떠한 목적도 갖지 않으며, 인간의 의식이란 생화학적으로 설명할 수 있는 하나의 기계적 작용에 불과하다.

더불어 근래에 유명세를 보이고 있는 영국의 동물학자 리처드 도킨스Richard Dawkins는 인간은 자기를 복사하여 확장시키고자 하는 "이기적 유전자 기계"로 환원된다고 생각했으며, 오늘날의 합성생물학은 이러한 인간에 대한 기계론적 이해를 더욱 강화하는 방향으로 작용할 것이다.

신이 된 과학자

인간의 육체는 정신과 분리된 단순한
기계일 뿐인가?

생명에 대한 환원주의적 관점의 폐해와 더불어 우리가 더욱 우려해야 하는 문제는 인간 자신에 대한 이원론적인 이해에 있다. 오늘날 만연한 자연과학에 대한 맹신이 인간의 삶에 대한 몰이해를 조장하고, 역으로 인간 자신에 대한 편협한 이해가 자연과학이 나아가야 할 건강한 길을 왜곡하는 악순환이 벌어질 것이기 때문이다. 자칫 '힘으로서의 지식'이 우리 자신의 몸과 마음을 모두 파멸하게 되지는 않을까 하는 걱정이 앞서는 것도 바로 그 때문이다.

합성생물학은 인간에 대한 이원론적인 이해와 생명에 대한 환원론적인 이해가 가장 견고하게 맞물려 있는 분야이다. 그러므로 우리가 그것이 가진 '힘'을 우려하고 어떻게 그것을 조절해나가느냐에 따라서 인류 문명과 생명 세계 전체가 완전히 다른 방향으로 나아갈 수도 있음을 걱정하는 것은 결코 과장된 것이 아니다. 오늘날 인간에 대한 이원론적인 이해가 많은 지탄을 받고 있지만, 합성생물학의 출현으로 그것은 부지불식간에 더욱 강화되는 쪽으로 나아갈 것이기 때문이다.

인간에 대한 이원론적인 이해는 고전 형이상학 속에서 자주 등장하였다. 전통적인 이원론적 인간 이해에 따르면, 인간의 육체는 흙에 속한 허무하고 속된 것인 반면, 인간의 혼psyche과 영(혹은 정신 pneuma)은 영원한 신의 세계에 속한 신성하고 거룩한 것으로서 인간이 죽을 때 신의 영원한 세계로 돌아간다고 여겨졌다. 이러한 영육 이원론은 고대의 많은 종교사상과 철학사상에서 나타난다. 특히 죽음에 관한 플라톤Plato의 사상에서도 체계화되어 나타나는 것을 볼 수 있다.

플라톤은 죽음의 문제와 관련해 영혼과 육체의 차이가 무엇인지를 질문하는데, 그의 생각에 따르면 죽음은 "영혼과 육체의 분리"를 뜻한다. 즉, 육체는 사멸하는 반면, 영혼은 불멸한다고 보았다. 그의 이해에 따르면 육체가 죽는 순간, 인간의 영혼은 육체의 감옥에서 벗어나 죽음이 더 이상 존재하지 않는 영원한 신의 세계로 돌아간다. 그렇기 때문에 죽음은 육체의 감옥으로부터 영혼이 해방되는 것을 뜻한다.

이러한 플라톤의 견해를 통해 보면, 인간의 본래적 삶은 육체에 있는 것이 아니라 그의 영혼에 있는 것이다. 그러므로 늘 영혼은 육체의 사멸성을 의식하면서 육체로부터 자신을 분리시키고, 육체와 관계를 갖지 말아야 한다. 죽음으로 끝나는 육체의 삶에서 물러

신이 된 과학자

서서 자기 자신(영혼) 안에 머물러 있어야 하며, 그 속에서 참 자유와 평화를 누리는 것이 진정한 삶의 의미요, 가치가 된다.

이에 대하여 오늘날 제기되는 문제는, 플라톤이 말하는 영혼불멸설이 육체에 대한 영혼의 우위와 육체의 저질성을 전제하고 있으며, 육체로부터 영혼을 분리시키고 육체를 영혼 없는 단순한 물질이나 하나의 대상으로 규정해버린다는 것이다. 하지만 그러한 플라톤의 영혼불멸설이나 영육이원론은 초기 기독교 신학의 형성에도 큰 영향을 미쳤으며, 초대 교부들의 가르침이나 영지주의 이원론*에도 그 뚜렷한 영향을 주었기에 오늘날 우리에게도 강력한 사상으로 자리매김하고 있다.

'신과 영혼'이란 신학적 주제를 깊이 있게 탐구한 아우구스틴 베아Augustin Bea에 따르면, 신앙의 본질적 문제 혹은 목표는 인간이 '자기에 대한 인식'을 통해서만 도달 가능한 '신에 대한 인식'과 그 결과로 얻게 되는 '영혼의 안식'이다. 인간은 본래 신의 피조물로서 신 안에 살도록 창조되었지만, 인간의 영혼이 신을 잊어버리고 나면, 결국 신을 떠나 이 세상의 저질적인 것을 지향하게 된다는 것이다.

아우구스틴의 이원론적 이해의 틀에서 보면, 신을 찾는 인간의

● 영지주의 이원론은 세상을 물질적인 것과 정신적인 것으로 구분한 후에 정신적인 것이 물질적인 것들에 비해 우월하다고 보는 주장이다. 이러한 주장이 신학 쪽에서 등장하게 된 배경에는 초기 교부들이 대부분 그리스 철학, 그중에서도 플라톤주의와 신플라톤주의에 영향을 받았기 때문이다.

영혼은 이 세상의 유한한 사물들의 유한한 아름다움을 신격화시키며 그것을 자기의 신으로 섬긴다. 결국 유한한 아름다움에 대한 정욕의 노예가 되는 것이다. 그러나 인간은 신의 피조물이기 때문에, 그의 영혼은 언제나 신을 찾으며 그때 그는 불안해하게 되고 동요한다. 인간의 이러한 내적인 본질은 육체적인 욕망과 구별되는, 무한한 신을 향해 끊임없는 초월로 나아가게 되고, 이 세상의 유한한 사물들, 곧 육체적인 만족이 아니라 영혼의 만족을 위해 무한한 신을 찾는다는 것이다.

이와 같은 영혼과 육체의 이원론은 근대철학의 아버지라 불리는 데카르트를 통해 계승되었다. 물론 플라톤은 죽음의 문제와 관련해 영혼과 육체의 차이에 대해 질문했지만, 데카르트는 사유하는 인간 주체의 자기 확실성의 문제와 관련해 영혼과 육체의 차이에 대해 질문했다는 점에서 그 접근이 조금 달랐다. 데카르트에 따르면 인간의 주체는 감각적 지각을 통해서가 아니라, 사유를 통하여 자기 자신에 대한 확실성을 얻게 된다. 감각적 지각을 가진 인간의 육체는 객체의 영역, 곧 연장되는 사물의 영역에 속하는 것이다. 이러한 견지에서 보면, 인간의 영혼은 사유하는 사물res cogitans인 반면, 육체는 연장되는 사물res extensa이다. 연장되는 사물로서의 육체는 하나의 기계와 같다. 특히 데카르트의 설명에 의하면, 육체는 그의 시대에 가장 복잡하고 경탄스러운 기계였던 시계와 같은 것

· 신이 된 과학자

이었다. 그는 인간의 육체에 대해 설명하기를, "뼈, 신경, 근육, 핏줄, 피, 머리카락으로 … 구성되어 있는 일종의 기계"라고 말한다.

그런데 데카르트는 연장되지 않으며 사유하는 '정신'과, 사유하지 않으며 연장되는 '육체'의 관계를 일방적인 정신의 지배와 육체의 소유 혹은 종속의 관계로 파악했다는 점에서 오늘날 제기되는 수많은 문제들의 원인을 제공한다. 즉, 데카르트에 따르면 사유를 본질로 가진 정신적 주체가 연장을 본질로 가진 육체의 대상을 소유하고 그것을 지배해야 한다는 것이다. 여기서 육체는 정신의 소유와 지배의 대상으로 여겨진다. 그리고 이러한 데카르트의 이원론적 체계에 따르면, "자연은 생명을 갖지 않는다". 그것은 연장되는 물질의 영역에 속하기 때문이다. 그 결과, 자연과 모든 동물과 식물은 물론 인간의 몸에서조차 영혼이 배제된다. 몸은 인간의 영혼이 지배하고 통제해야 할 하나의 기계에 불과한 것이 되어버린다.

우리는 이러한 사유방식에서 합성생물학이 전제하는 물질과 정신의 이원론과 생명에 대한 물질주의적 환원주의를 여과 없이 발견할 수 있다. 특히 합성생물학적 기술들이 인간 자신에게 적용될 때 영육이원론을 강화하는 방식으로 전개될 것을 상상하는 것은 매우 쉬운 일이다. 자연이 신성하지 않듯이, 인간의 몸도 결국 물질일 뿐이고 하나의 기계와 같은 것으로 여겨질 것이다.

잠시 이와 같은 사고방식이 만들어내는 문제점들을 몇 가지만 지적해보자.

첫째로, 육체나 물질의 영역을 멸시하면서 인간의 감정이나 육체를 억압하는 방식은 결국 우리의 전인적인 인간성을 파괴하게 되고, 인간 자신을 대상화된 세계와 마주하고 있는 고독한 객체로 만든다.

둘째로, 인간 생명의 자연성이 간과되면서 영혼으로서의 인간, 사유하는 주체로서의 인간이 자신의 동물성을 억누르고 이성만을 추켜세움으로써 자연성을 포함한 인간성 전체를 말살하게 된다. 결국 이러한 경향이 인간을 자연에서 소외시키는 문제를 초래하면서, 인간이 영적·정신적 존재로서 자연의 공동체에서 우월한 존재로 여겨지며, '주인과 소유자', '정복자와 지배자'로 인간을 인식하게 되어 결국 '인간 중심주의'를 만드는 것이다.

셋째로, 이러한 사유 방식은 인간의 육체나 생명의 물질적인 측면을 영혼이나 정신의 지배 대상으로 격하시킨다. 영혼은 육체에 대한 지배자로, 육체는 영혼의 지배 대상으로 생각되면서, 인간은 육체를 경시하게 되고 결국 그의 신체적인 실존에서 소외된다. 근대 이후 그 세계관과 관념의 영향을 받은 종교나 교육은 인간을 인식과 의지의 주체라 가르치며, 그의 신체적 실존을 대상화시키고 자기 자신에게 예속시키도록 지도해왔다. 그렇기 때문에 인간은 자기의 육체나 생명의 물질적 측면을 통제할 수 있어야 마땅하고 훌륭한 것으로 여겨졌다. 그 결과 인간과 생명의 자연성, 곧 육체나 물질을 기능과 수단, 기계적 가치로 폄하하게 되고 이는 인간 자기 자신은 물론 생명세계에 대한 몰이해와 파괴를 야기하게 되었다.

결국 이러한 인간 자신에 대한 이원론적이고 기계주의적인 사고와 생명에 대한 물질주의적 환원주의는 모든 대상 세계에 대해서도 그렇게 생각하도록 추동하면서 오늘날 생명을 "영혼 없는" 물질의 영역으로 환원하여 하나의 물건이나 상품처럼 다루고 있다. 또한 그것을 다양하게 조작하고 가공하는 가운데 새로운 생명 판매 시장까지 열어가게 만들었다.

물론 펜실베이니아 대학교에서 생명윤리학을 가르치는 아서 캐플란Arthur Caplan 교수처럼 합성생물학의 성과를 "오늘날 우리가 생명으로 여기는 것을 물질세계의 조작으로 만들 수 있음을 보여준 것"이라고 하여 높이 평가할 수도 있을 것이다. 이와 같은 사고는 인간이나 생명의 한 면모를 파악하는 데 어느 정도의 도움이 될 수는 있을 것이다. 인간의 신체 구조와 특성 등을 분석함으로써 그 성격과 행동 양식을 파악하는 데 많은 도움을 주기도 한다. 또한 유전자 지도와 뇌 기능의 분석, 병리학과 관련된 수많은 정보와 설명들은 모두 다 인간의 반사회적 행동 양식과 질병을 예방하고 치료하는 데도 도움이 될 수 있다.

그러나 인간의 육체에 대한 기계주의적이고 환원주의적인 설명은 분명한 한계를 가진다. 우리 각자가 가진 고유한 삶의 경험, 기대와 실망, 환희와 고뇌, 기쁨과 슬픔, 희망과 인내를 가지고 또 경험하는 인간 생명은 자연과학의 모든 연구와 설명을 크게 넘어서는 것이기 때문이다. 또한 인간 생명의 진정한 가치와 의미, 목적이 무엇인지에 대하여 이러한 시도는 설명하지 못한다. 독일의 신학자 W. 쇼버트Wolfgang Schoberth의 말처럼 "인간의 육체적 본성에 대한 종합적 지식으로부터 우리는 인간 존재에 대한 아무런 이해도 얻을 수 없기" 때문이다.

그러므로 우리가 인간을 이해하기 위하여 인문학적 비판들과 통찰들에 귀를 기울이고 그것을 충분히 숙고하는 것은 중요한 일이다. 그리고 이를 통해 합성생물학과 같은 오늘날의 과학기술과 함께 인류의 더 나은 방식으로의 문명화가 충분히 가능하리라는 것을 희망할 수 있고 또 희망해야 한다.

이제 우리는
어디로 가야 하는가?

　　　　　　　　그렇다면 이제 우리는 어디로 나아가야 할
까? 현실적으로 볼 때 막대한 이윤과 장밋빛 미래를 약속하는 과학
기술의 행진을 물리적으로 저지할 수 있을 것 같지는 않다. 그러면
우리는 어떻게 해야 할까?

먼저 우리는 지금 벌어지고 있는 일에 대해서 진정성 있는 관심
을 기울이고 제대로 알아야만 한다. 합성생물학이라는 분야가 어떻
게 나타났으며, 현재의 상황은 어떠하며, 사회적으로는 어떤 가능
성과 위험성이 있는지, 인간의 정신세계와 문화에는 어떤 영향을
미칠 것인지는 물론, 인간 의식의 수면 아래에 있는 '합성생물학'이
라는 분야를 창출해낸 정신의 뿌리까지도 제대로 살펴보아야 할 것
이다.

그러나 현재의 합성생물학은 그렇지 못한 것 같다. 생명에 대한
민감한 감수성이나 학문에 대한 진지한 비판 의식이 잘 보이지 않
는다. 하지만 바로 그렇기 때문에 이제는 우리가 인류 공동의 선을
향해 나아감에 있어서 과학자, 공학자, 정치인, 철학자, 종교인에
관계없이, 다시 말해서 그가 어떤 형이상학적 입장이나 윤리적 성

향 또는 종교적 관점을 가지고 있는가에 상관없이, 모두가 협력해서 합성생물학이 나아가야 할 방향을 함께 논의하고 결정해야 하는 시기가 온 것이다.

근대 과학은, 서구문명의 전반을 형성했던 기독교와 고전 그리스 철학과의 불연속성이 물론 존재했지만, 분명한 것은 그들과의 연관성 속에서 출현했다는 것이다. 하지만 오늘날의 합성생물학은 기존의 종교적 통찰이나 인문학적 성찰과는 완전히 괴리된 채로 독주하는 것처럼 보인다. 그리고 일반인들 역시 인류가 과학과 기술을 통해 새로운 세상을 창조해나갈 수 있다는 테크노 유토피아의 열망에 너무 들떠 있는 것만 같다. 하지만 인간이 만들어가는 세상은 단지 과학과 기술에 의해서만 결정되는 것은 결코 아니다.

"좋은 삶이란 무엇인가"를 진지하게 숙고하려는 인간의 노력에 의해서도 그것은 결정되기 때문이다. 좋은 것과 나쁜 것, 바름과 그름을 분별하려는 우리들의 힘겨운 노력은 이미 과학과 기술의 중요한 하나의 요소라는 것을 이해해야 한다. 거의 모든 과학과 기술은 윤리적이고 정치적인 의미를 내포하고 있으며, 윤리와 정치는 법과 규제 혹은 정책 결정을 통해 과학과 기술에 많은 영향을 미치고 있다. 또한 공적기관이나 대중매체에서의 종교적 관심과 토론들 역시 과학기술의 발전에 무시할 수 없는 중요한 요소로 작용하고 있다.

미국과학진흥협회American Association for the Advancement of Science의 회장을 역임한 앨런 레시너Alan Leshner는 과학기술과 사회의 연관성에 대해《사이언스》의 한 사설에서 다음과 같이 말했다. "우리는 과학기술을 잠재적 위험과 이익이라는 기준에 의해서 평가해왔으나 이제는 제3의 요소, 즉 가치에 관련된 논의가 미래 과학의 활동과 지원에 중요한 영향을 미칠 것이다."[1] 다시 말해서, 앞으로의 과학기술 공동체의 일원들은 과학, 공학, 기술의 유용성에 대해 반드시 다른 영역들과의 대화를 통해 그들의 작업을 진행해야 한다는 것이다. 그러므로 새롭게 나타난 합성생물학이라는 분야 역시 다양한 배경의 학자들과의 교류를 통해서 이루어질 때 최선의 결과를 성취할 수 있을 것이며, 특히 인문학적인 성찰들을 통해서 인류의 공동선을 위해 함께 나아갈 길을 발견할 수 있다.

오늘날 인류는 과학기술의 진보와 발전이 이룩한 문명화된 사회에 살면서, 다른 한편으로는 이전에 없었던 혼란과 위기의 시대를 살아가고 있다. 특히 합성생물학이라는 기회이자 위기를 마주하고 있다. 우리는 이제 우리 자신인 인간 생명과 존재에 대한 의문과 도전에 마주하고 있기 때문이다. 과학기술의 진보와 발전이 초래한 돌이킬 수 없는 현실 앞에서, 이제 우리가 나아가야 할 길은 어디일까?

2장

신의 기술, 크리스퍼 유전자가위:

생명 편집의 시대를 열다

〔과학〕

크리스퍼 유전자가위 기술

생명정보를
교정하고 편집하다

송기원

연세대학교 생명시스템대학 생화학과 교수
언더우드 국제대학 과학기술정책전공 교수

새로운 기술의 개발은 후대에 '혁명'이라고 불리는 거대한 변화를 촉발하기도 한다. 갈릴레오의 손에 쥐어진 망원경은 과학혁명을, 증기기관은 산업혁명을, 인터넷 기술은 정보통신 혁명을 일으켰다. 같은 맥락에서 본다면 2011년 크리스퍼CRISPR 유전자가위 기술의 발견은 합성생물학의 역사를 '크리스퍼 전과 후'로 나누어도 무리가 없을 정도로 혁명적인 사건이었다. 2012년부터 급속도로 발달하기 시작한 이 분야는 현재 생명과학계를 넘어서 세계 과학계에 가장 큰 파장을 일으키고 있는 화두이다. 과학계의 권위 있는 학술지인《사이언스》는 2013년 그해 가장 영향력 있는 과학적 성과로 크리스퍼 유전자가위 기술을 선정하였다. 또한 2014년《MIT 테크놀로지 리뷰MIT Technology Review》는 크리스퍼를 이용한 유전자 교정을 10대 혁신기술로 선정하고 이를 활용한 '맞춤아기' 탄생이 멀지 않았다고 예측했다. 《사이언스》는 2015년 또다시 크리스퍼 유전자가위 기술을 가장 중요한 10대 발견으로 꼽고 그중에서도 가장 중요한 발견으로 언급하였다. 또한 2016년 8월 권위와 대중성을 모두 갖는 일반 과학 잡지인《내셔널 지오그래픽National Geographic》은 크리스퍼 유전자가위 기술을 'DNA 혁명'으로 언급하며 그 명암에 대한 특집호를 내기도 했다. 이렇게 혁명적 변화를 가져오고 있다는 크리스퍼 유전자가위 기술이란 도대체 어떤 기술이며 어떻게 적용되기에 생명체에 혁명을 가져올 수 있다고 하는 것일까?

크리스퍼 유전자가위란
무엇인가

       크리스퍼 유전자가위 기술은 원래 세균이 가지고 있던 면역 반응 시스템에서 유래되었다. 세균 자신의 몸에 침입한 바이러스의 DNA를 절단해 자신의 유전체 내에 저장해 가지고 있다가, 다음에 같은 유전정보를 갖는 바이러스가 침입하면, 저장된 정보로부터 침입한 DNA 염기서열을 인식해 잘라버리고 무력화하는 시스템이다. 크리스퍼 유전자는 1987년 세균의 유전체를 연구하던 일본 과학자에 의해 최초로 발견되었는데, 그 당시에는 이 유전자가 세균에서 어떤 기능을 수행하는지 전혀 알지 못했다. 그로부터 7년 후인 1994년, 염기서열 정밀 분석 결과, 다양한 세균들이 모두 크리스퍼 유전자를 가지고 있으며, 크리스퍼 유전자 내에 바이러스의 염기서열이 존재하는 것을 발견했다. 그러나 이때에도 그 기능은 규명하지 못한 채, 반복적으로 DNA 회문 구조 •를 만들 수 있는 염기서열이 나타난다는 것에서 착안하여 그 영문 머리글자를 따서 지금 이 기술의 이름으로 알려진 'CRISPR'Clustered Regularly Interspaced Short Palindromic Repeats(간헐적으로 반복되는 회문 구조 염기서열 집합체)로 명명했을 뿐이었다.

• DNA 회문 구조는 DNA 내 특정 염기서열이 2회 서로 대칭되게 나타나는 것으로, 서로 상보적인 염기서열이 연이어 오게 되는 경우이다. 이런 경우 이 DNA로부터 만들어진 RNA는 헤어핀과 같은 구조를 만들 수 있다. 예를 들자면 5'GAATAC3' 와 5'GTATTC 같은 염기서열이 연결되어 나타나는 것이다.

크리스퍼의 기능은 2007년 덴마크의 요거트 회사 다니스코DAN-ISCO의 연구원들에 의해 최초로 규명되었다. 요구르트 발효를 책임지는 유산균들은 바이러스 감염에 취약한데, 특정 유산균들이 바이러스에 내성을 가진 것처럼 행동하는 현상을 발견한 것이다. 바이러스에 내성을 갖는 것처럼 보이는 유산균들의 유전체를 분석해본 결과, 크리스퍼 유전자들이 활성화되어 있는 것을 발견했다. 또한 유산균을 공격하는 바이러스인 박테리오파지*의 유전자 염기서열이 세균의 크리스퍼 유전자 사이에 존재하는 것도 발견하였다. 이전에는 고등생명체에 있는 적응면역 반응이 세균에도 존재한다는 것을 과학계가 전혀 모르고 있었는데, 이 발견으로 인해 그동안 고등생명체에만 존재한다고 믿어져왔던 적응면역이 박테리아에도 존재한다는 사실과, 세균의 크리스퍼 유전자가 고등동물의 적응면역과 비슷해 보이는 기능 수행에 중요한 역할을 하고 있는 것이 밝혀졌다.

이후 2012년 두 여성과학자, 캘리포니아 대학교 버클리 캠퍼스의 제니퍼 다우드나Jennifer Doudna와 스웨덴 우메오 대학교의 엠마뉴엘 카펜티어Emmanuelle Charpentier는 크리스퍼의 작동 메커니즘을 상세히 규명한 논문을 《사이언스》에 발표했다. 그 내용을 요약해보면, 세균은 그를 침입한 바이러스인 박테리오파지의 염기서열을 절단하여 크리스퍼 유전자 사이에 저장하며, 박테리오파지가 다시 침

* 박테리오파지는 세균을 숙주로 하는 세균에 치명적인 바이러스를 말한다.

입하면 그에 대한 반응으로 크리스퍼 유전자 사이의 박테리오파지 염기서열을 RNA로 전사*한다. 이 RNA는 박테리오파지에서 온 유전자의 일부가 발현된 것이므로 다시 침입한 박테리오파지 DNA와 일치되는 염기서열을 갖고 있어 이 부분에 상보적으로 결합할 수 있다. 발현된 이 RNA는 DNA 이중나선을 절단할 수 있는 가위 기능의 카스9Cas9 단백질과 결합해 자신이 결합할 수 있는 박테리오파지의 염기서열로 카스9 단백질을 유도한다. RNA에 의해 유도된 카스9는 침입한 박테리오파지의 DNA를 절단한다.

이 연구 과정에서 다우드나와 카펜티어는 박테리오파지의 염기서열은 21bp(21개의 염기쌍base pair) 길이로 잘려 크리스퍼 유전자 내에 보관되었다가 사용되는 것을 관찰했다. 이때 이 부분을 파지의 염기서열이 아닌 21bp 길이의 임의의 염기서열로 대치해 크리스퍼 유전자 사이에 삽입해도 이 시스템이 정상적으로 작동하여 DNA를 절단하는 것을 확인하였다. 이러한 발견으로 크리스퍼는 효율성과 특이성**이 떨어져 유전체에 사용하기 어려웠던 기존의 유전자가

* 유전정보는 DNA로 세포에 저장되어 있고 그중 필요한 유전자 부분만 RNA로 읽어낸다. 이 과정을 전사transcription라고 한다. 필요한 유전자 부분의 DNA 이중나선 구조를 풀고 그 정보대로 상보적인 RNA를 합성해내는 과정이다. 이렇게 읽혀진 RNA 형태의 정보는 세포질에 있는 단백질 합성공장인 리보솜ribosome과 결합해 그 염기서열 정보대로 아미노산을 붙여 단백질을 합성한다. 이 과정을 번역translation 과정이라고 한다.

** 여기에 언급한 특이성이란 원하는 염기서열 부분만을 자를 수 있는 능력을 말한다. DNA의 염기 종류는 네 가지이고 이들이 어떻게 배열되는가가 중요한 정보인데 배열을 구성하는 염기의 수가 적으면 유사한 염기배열이 염색체에 다시 나타날 확률이 증가한다.

위들을 대체할 수 있는 새로운 유전자가위로서의 효용성이 확인되었다. 그리고 이 사실은 불과 몇 년 전까지 별다른 관심을 받지 못했던 크리스퍼 유전자를 일약 과학계의 핵심 이슈로 부상시켰다.

크리스퍼 – 카스9CRISPR – Cas9를 간단히 정의하자면, 이 유전자가위 기술은 잘라낼 유전자 부위를 저장하고 지정하는 역할을 하는 크리스퍼 유전자와 실질적으로 유전자를 자르는 가위 역할을 하는 카스9 단백질로 구성된다. 유전체 내에서 원하는 특정 유전자 부위만을 선택적으로 잘라낼 수 있도록 해주는 특이성이 높은 유전자가위이다.

왜 크리스퍼 유전자가위 기술이 중요한가

합성생물학을 비롯한 생명과학·생명공학 분야에서 유전자가위는 굉장히 중요한 위치에 있다. 그 이유는 외부로부터 원하는 유전자를 도입하거나 생명체가 가지고 있는 유전체를 잘라내는 방법을 통해, 유전체 정보가 바뀌어 새로운 형질을 가지는 생명체를 제작할 수 있기 때문이다. 크리스퍼 이전에 사용되던 유전자가위로는 제한효소와 징크 핑거Zinc Finger, 탈렌TALEN이 있다.

그렇다면 왜 우리는 정확도가 높은 유전자가위 기술을 열망해 온 것일까. 질병 중 유전체 내의 유전정보인 유전자가 잘못되어 발생하는 질환을 유전병이라 부른다. 이런 질환은 유전정보를 따라 자손 세대에서도 계속 나타날 수 있다. 인간에게 치명적인 유전병에는 혈우병이나 낭포성 섬유증처럼 약 2만 5,000개의 유전자 중 단 하나의 유전자가 제대로 작동하지 않아 발생하는 경우가 적어도 수천 가지라고 알려져 있다. 1980년대 이후 DNA를 인간의 의도대로 임의로 조작할 수 있는 기술인 DNA 재조합 기술이 보급되기 시작하면서 과학자들은 질병을 유발하는 잘못된 유전자를 '유전자 치료gene therapy'를 통해 고치는 것을 꿈꾸게 되었다. 그러나 2012년 크리스퍼 유전자가위 기술이 개발되기 전까지 우리는 유전체 내 30억 개의 DNA 염기쌍 중 의도하는 특정 유전정보만을 정확하고 효율적으로 수정하는 방법을 알지 못했고 유전자 치료의 상용화는 계속 먼 미래의 이야기였다.

크리스퍼 - 카스9가 발견되기 전까지 대부분의 유전자 조작은 유전자 재조합 방식으로 이루어졌다. 1970년 제한효소의 발견과 동시에 등장했던 유전자 재조합 기술은 원하는 특정 형질을 가지고 있는 생명체에서 해당 형질을 발현시키는 유전자를 찾아내 조각으로 잘라낸 뒤, 유전자 운반체인 벡터를 통해 그 형질을 도입하고자 하는 생명체에 전달하는 과정으로 이루어졌다. 유전자 재조합에서는 필요한 유전자를 포함하는 DNA 조각만 얻으면 되기 때문에 유전자가위의 정밀성은 크게 중요하지 않았다. 하지만 제한효소는 특정 유전자가 아닌 전체 유전자 편집에 사용하기에는 문제가 있었다. 제한효소는 보통 4~6개의 특정 염기서열을 인식할 수 있다. 이 경우 동일한 염기서열이 유전체 전체에서 매 256개(4^4)에서 4,096개(4^6) 염기서열마다 존재할 수 있다. 따라서 비교적 짧은 길이의 유전자 조각만을 잘라내는 데는 큰 문제가 되지 않는다. 하지만 수십억 개의 염기쌍으로 이루어져 있는 유전체 전체를 대상으로 사용했다가는 원치 않는 부위까지 절단해 돌연변이를 일으킬 수 있다.

이러한 제한효소의 단점을 극복하고 전체 유전체의 교정이나 편집에 사용할 수 있는 방법으로 징크 핑거와 탈렌이 등장했다. 제한효소에 이어 개발된 유전자가위는 '아연 집게'라고도 불리는 징크 핑거였다. 징크 핑거는 많은 생물 종에서 유전자의 발현을 조절하는 전사인자* 중 한 종류의 전사인자에서 발견되는 DNA와 결합하는 부분에 존재하는 구조이다. 징크 핑거는 특정 염기서열을 인식하여 DNA 사슬에 결합하는 특성을 가지고 있다. 이 특성을 이용해 징크 핑거와 비특이성을 지닌 DNA 절단 효소를 연결시켜 징크 핑거가 인식한 염기서열을 잘라내는 유전자가위로 개발한 것이다. 8~10개 정도의 염기서열을 인식하여 잘라내는 징크 핑거는, 4~6개 정도의 염기서열을 인식하여 잘라내는 제한효소보다 특이성 측

• 전사인자는 각 유전자 앞에 존재하는 유전자의 발현 조절 스위치에 해당하는 프로모토를 인식해 결합한다. 프로모토에 결합한 전사인자는 DNA 이중나선 구조를 풀어 DNA 염기서열 정보로부터 상보적인 염기서열의 RNA가 만들어지는 전사 과정을 조절한다.

면에서 유전체에 적용했을 때의 오류 가능성을 줄일 수 있었다. 그러나 여전히 아주 특이적이지 못한 한계를 가지고 있었다.

크리스퍼 이전 가장 최근에 개발되었던 유전자가위 기술은 2010년 전후로 선보인 탈렌이었다. 탈렌은 'Transcription Activator - Like Effector Nuclases'의 앞 글자를 따온 줄임말로서, 특정 염기서열을 인식하는 탈 이펙터TAL effector 부분과 염기서열을 자르는 엔도뉴클레아제endonuclease 부분으로 구성된 복합체를 일컫는 말이다. 탈 이펙터는 전사인자들과 비슷하게 특정 염기서열을 인식하는 특성을 가지고 있는데, 탈 이펙터의 구조를 인위적으로 변화시킴으로써 인식하는 염기서열을 바꿀 수 있었다. 탈 이펙터는 최대 10~12개 정도의 염기서열을 인식할 수 있고, 잘라내고자 하는 염기서열에 따라 탈 이펙터의 구조를 자유롭게 변형시킬 수 있다. 따라서 징크 핑거보다 더욱 정확하게 유전체 내의 원하는 염기서열을 선택적으로 자유롭게 자를 수 있었다. 그러나 탈렌은 매번 자르고자 하는 DNA 염기서열에 맞추어 새로이 탈 이펙터 부분을 디자인하고 만들어야 해서 매우 번거롭고 시간과 노력이 많이 소모되었다. 개선된 유전자가위인 탈렌이 그 효용성을 막 보이려 하던 2012년, 크리스퍼 유전자가위가 발견되었다.

징크 핑거와 탈렌은 각각 8~10, 10~12개의 염기서열을 인식해 잘라낼 수 있어 제한효소에 비해 훨씬 높은 특이성을 가진다. 따라서 실험적 수준에서의 유전자 편집을 가능하게 해주었다. 하지만 가격이 너무나 비쌌고 실험 방법이 복잡했기에 실용화에는 더욱 오랜 시간이 걸릴 것이라 예상되었다. 이런 상황에서 발견된 크리스퍼-카스9 유전자가위는 그 높은 특이성과 정확성으로 유전체 전체를 대상으로 한 유전자 편집에 존재하던 한계의 벽을 한순간에 무너뜨려버렸다.

크리스퍼 유전자가위 기술은 임의의 21개 DNA 염기서열을 원래 세균이 면역기능을 위해 가지고 있던 크리스퍼 유전자 사이에 바이러스 염기서열 대신 삽입하는 것이다. 이와 함께 DNA를 자르는 효소인 카스9 단백질을 어떠한 세포 내부에서 발현시켜준다. 그러면 크리스퍼 유전자가 발현되면서 삽입된 임의의 21개 DNA 염기서열도 발현한다. 이렇게 발현된 RNA는 유전체 내부의 임의의 21개 DNA 염기서열과 일치하는 부분을 찾아가 정확하게 이 부분의 DNA를 절단할 수 있는 아주 특이성이 탁월한 유전자가위 시스템이다. 기존 유전자가위들이 적게는 4개 많게는 12개 정도의 염기서열을 인식하기에 유전체에 사용했을 경우 유사한 염기서열을 갖는 다른 부분을 자를 수 있는 오류 가능성이 높았다. 반면 크리스퍼는 21개의 염기서열을 인식하며, 유전체 내에서 21개의 염기서열이 정확하게 일치할 가능성은 매우 낮으므로 오류가 발생할 확률이 4조 4,000만 분의 1로서 다른 유전자가위 기술과 비교할 수 없을 정도로 낮아진다. 인간 유전체의 염기쌍이 약 30억 개라는 것을 고려해보면, 크리스퍼가 의도치 않은 부분의 유전자를 잘못 자를 가능성은 계산상 거의 일어날 수 없다는 결론에 달하게 된다. 드디어 인류는 그렇게도 열망하던, 인간을 포함한 모든 생명체의 정보인 유전체의 원하는 부위를 아주 특이적으로 정밀하게 잘라내거나 잘라낸 후 원하는 다른 것으로 교체할 수 있는 도구를 손에 넣게 된 것이다.

크리스퍼 유전자가위 기술이 갖는, 특이성이라는 과학적으로 매우 중요한 장점 외에도 크리스퍼 유전자가위 기술은 생명체의 유전체를 변형시키는 데 필요한 시간과 비용을 획기적으로 감소시키는 혁신을 가져왔다. 예를 들자면 2005년 징크 핑거 유전자가위를 이용해서 유전체 편집을 수행하는 경우 적어도 약 5,000달러의 비용이 들었다. 반면 크리스퍼를 이용해 동일한 작업을 수행할 경우 단돈 30달러 정도의 비용밖에 들지 않는다. 또한 기존 방법으로 특정한 유전자를 제거한 생쥐를 만드는 데 적어도 1년 정도의 시간이 소요되었는데 크리스퍼 유전자가위 기술을 이용하면 2개월 이내에 가능하다. 더 우수한 점은 크리스퍼 유전자가위 기술을 이용하면 특정한 유전자를 제거한 생쥐나 GMO 종자를 제작할 때 벡터를 사용하지 않아도 된다. 또한 유전체가 원하는 대로 바뀐 개체만을 찾아 골라내는 스크리닝screening 과정을 생략할 수 있다. 많은 전문가들은 이런 크리스퍼 유전자가위 기술의 효율성이 생명과학 연구의 양적 성장은 물론 품종 개발, 유전병 치료 등의 산업적 활용에서도 비용 절감과 시간 단축이라는 측면에서 큰 강점이 되리라 기대하고 있다. 이런 이유로 크리스퍼 유전자가위 기술이 'DNA 혁명'이라고 불리는 것이다. 새로 발견된 금광으로 사람들이 몰려드는 것을 영어로 '골드 러시gold rush'라고 부른다. 2013년 이후 전 세계적으로 크리스퍼를 이용하는 많은 다양한 벤처들이 설립되었고 이 벤처 회사들로 막대한 투자 자본이 몰리는 크리스퍼 골드 러시가 일어나고 있다.

유전자가위 기술의
적용 방법

크리스퍼 - 카스9 유전자가위 기술을 생명체에 적용하여 유전체를 교정하거나 편집하는 방식에는 크게 두 가지가 있다. 진 셔틀Gene Shuttle이라는 방법과 카스9 - gRNACas9 - gRNA● 복합체를 이용하는 방법이다. 진 셔틀 방식은 벡터를 이용해 크리스퍼 유전자와 카스9 단백질 발현에 관여하는 각종 유전자들을 세포나 생명체 개체의 수정란에 통째로 집어넣어주는 방식이다. 세포

● gRNA는 guide RNA를 줄인 말로, 크리스퍼 유전자 내에 저장되어 있던 21bp 길이의 인식서열이 RNA 형태로 전사된 것을 말한다.

나 수정란에 도입된 각종 유전자들은 생명체 내에서 크리스퍼 RNA 와 가위 기능의 카스9 단백질로 발현되어 유전자가위로서의 기능을 하게 된다. 이때 유전체 내의 편집하고자 하는 특정 유전자 부위를 지정해주는 인식서열을 21bp 길이로 합성하여 크리스퍼 유전자 사이에 포함시켜주는 것으로 어떤 부위를 잘라낼 것인지를 지정해줄 수 있다. 진 셔틀 방식은 기존의 유전자 재조합과 실험 방법, 재료 면에서 여러 부분을 공유하고 있기 때문에 비용이 저렴하고 성공 가능성이 높다는 장점을 가진다. 하지만 크리스퍼와 카스9 유전자 및 이에 관여하는 유전자들은 엄연히 '외부 유전자'이기 때문에 GMO 관련 법규에 의해 규제를 받는다. 과학자들이 이에 대한 대안으로서 내놓은 것이 바로 카스9 - gRNA 복합체 방식이다.

카스9 - gRNA 방식은 크리스퍼 유전자가위 시스템에서 실질적인 '가위' 역할을 하는 카스9 단백질과, gRNA의 복합체를 만들어 유전자를 편집할 세포나 수정란의 핵 내부로 투입시키는 방식이다. gRNA는 카스9 단백질을 잘라낼 유전자 부위로 유도한다. 또한, gRNA는 편집 대상 생명체가 가지고 있는 염기서열과 완벽히 동일하기 때문에 '외부 유전자'로 분류되지 않는다. 이 방식은 진 셔틀보다 복잡하고 성공 확률도 낮지만 외부 유전자를 세포 내로 주입하지 않아 기존의 GMO 관련 법규의 규제를 받지 않는다는 강력한 장점을 갖는다. 그렇기 때문에 산업계에서 집중적으로 연구되고 있다. 이런 이유로 인해 농작물, 가축을 대상으로 하는 유전자 편집 연구는 대부분 카스9 - gRNA 방식이 이용되고 있다.

유전자가위 기술의 성과:
장기이식 돼지부터 에이즈 치료까지

크리스퍼 유전자가위 기술은 생명과학 연구 분야에만 제한되지 않고 이미 세균부터 곤충, 동식물, 사람에 이르기까지 적용되지 않은 생물체가 없을 정도로 많은 생물체에서 다양한 목적으로 이용되고 있다. 그중 성공적이라고 알려진 몇몇 사례들을 살펴보기로 한다. 가장 넓게 그리고 효율적으로 사용될 수 있는 경우가 크리스퍼 유전자가위 기술을 '유전자 드라이브gene drive'라고 부르는 기술에 적용한 것이다. 유성 생식을 하는 생명체에서 일반적으로 어떤 유전 요소가 번식 과정을 통해 부모에서 자손으로 전해지는 확률은 50퍼센트이다. 유전자 드라이브는 그 확률이 50퍼센트보다 증강되어 편향적으로 특정 유전 요소가 많이 전달되는 유전시스템을 말한다. 유전자 드라이브는 2003년 영국의 진화 유전학자인 오스틴 버트Austin Burt에 의해 제안된 시스템이다. 그 결과는 그 종 전체 개체 집단에서 특정 표현형phenotype●을 결정하는 유기체의 유전적 구성인 특정 유전형genotype●●이 선택적으로 증가하

● 우리는 동일한 유전자에 대해 모두 부모 각각으로부터 받은 2개의 형태를 갖고 있다. 표현형은 이 2개의 형태가 다를 경우 둘 중 어느 형태가 겉으로 드러나는 형질에 영향을 미치는가를 의미한다.

는 현상으로 나타난다. 또한 유전자 드라이브는 한 세대에서 다음 세대로 계속 이어지며 잠재적으로는 전체 집단으로 확산될 수 있다. 이렇게 되려면 유전체에서 증가시키려는 유전자 가까이의 DNA를 잘라주어야 하는데, 이 자르는 도구로 크리스퍼 유전자가위를 이용하는 것이다.

크리스퍼 유전자 드라이브가 현재 가장 성공적으로 도입된 경우는 말라리아모기이다. 말라리아는 매년 2억에서 3억 명의 사람이 감염되고 수백만 명이 사망하는 위험한 질병으로, 말라리아 병원충에 감염된 모기가 옮기는 것으로 알려져 있다. 말라리아를 막을 수 있는 가장 확실한 방법은 말라리아를 옮기는 모기의 개체 수를 감소시키는 방법이다. 토니 놀런Tony Nolan과 앤드리아 크리스티 Andrea Cristi 연구팀은 모기의 임신에 관여하는 3개의 유전자를 변형시킬 경우, 암컷 모기를 불임으로 만들 수 있다는 사실을 발견했다. 일반적인 경우라면 유전자의 돌연변이를 유도해 불임으로 만든다 하더라도 자연선택에 의해 종 전체의 유전자 풀에서 제거되어 큰 영향을 끼치지 않는다. 하지만 3개의 모기 불임 유전자에 크리스퍼 유전자 드라이브를 적용시켜 불임 유전자가 모기 집단에 널리 퍼지도록 유도했을 때, 실험을 통해 4세대가 지난 후 75퍼센트의 모기들이 불임 유전자를 갖게 되는 것이 보고되었다. 또 따른 접근은 말라리아 병원충 전달자인 모기가 말라리아 병원충에 내성을 갖

●● 우리는 동일한 유전자에 대해 모두 부모 각각으로부터 받은 2개의 형태를 갖고 있는데 이 2개가 염기서열이 같은 동일한 형태일 수도 있고 다른 형태일 수도 있다. 이 조합을 유전형이라고 한다.

도록 만드는 것이다. 2012년, 캘리포니아 대학교의 앤서니 제임스 Anthony James 교수는 말라리아 병원충에 대항하는 항체를 생성하는 유전자를 발견했고, 이를 모기에 이식하는 데 성공했다. 이 유전자를 이식받은 모기는 말라리아 병원충의 활성을 성공적으로 억제시켰다. 하지만 이 유전자를 많은 수의 모기들에게 전파시킬 방법을 찾지 못하다가 2015년 말라리아 항체 유전자를 전달하고 복제시켜 줄 크리스퍼-카스9를 이용한 유전자 드라이브 시스템을 모기에 적용했다. 즉, 크리스퍼를 이용한 유전자 드라이브 기술로, 말라리라 항체 생성 유전자와 그것을 복제할 수 있는 유전자를 후손에게 함께 전달하는 전략이다. 이들은 이 시스템이 정상적으로 작동할 경우 눈 색깔도 함께 변화하도록 설계하여 유전자 드라이브를 쉽게 확인할 수 있도록 했다. 그 결과 항체 유전자를 가진 수컷 모기의 자손 중 99퍼센트에서 정상적으로 항체 유전자가 작동하는 것을 확인하였다. 이렇게 유전자 드라이브로 응용된 크리스퍼 유전자가위 기술을 활용하여 후손들에게 말라리아 전달을 차단하는 유전자를 신속하게 확산시키는 모기 품종을 개발하는 데 성공할 수 있었다. 이 연구를 이끈 앤서니 제임스 교수는 유전자 드라이브를 이용하는 크리스퍼 유전자가위 기술이 말라리아뿐 아니라 댕기열, 지카 등 모기를 매개로 하는 질병을 박멸하는 데 매우 유망하다고 밝혔다.

유전자 드라이브는 과학자들이 개조한 유전자 변형 형질이 빠르게 후속 세대의 개체군으로 성공적으로 전달되는 것을 보장한다. 이들의 빠른 전달 속도는 변형된 형질이 종의 전체 개체군에 확산될 수 있는 방법을 제공한다. 유전자 드라이브의 강력한 파급 효과는 질병 억제라는 목적에서는 큰 장점이 될 수 있지만, 생태계에 걷잡을 수 없는 피해를 초래할 수 있다는 우려도 존재한다. 앞의 모기 연구에서는 유전자 드라이브가 적용된 모기가 외부로 빠져나가는 것을 방지하기 위해 실험실을 5중 구조로 밀폐하고, 만약 빠져나가더라도 야생에서 생존할 수 없는 모기 종을 고르는 등 치밀한 노력을 기울였다고 한다. 현재 과학자들은 유전자 드라이브를 제어할 수 있는 안전장치가 마련될 때까지 이 기술을 자연계에 적용시키는 것을 보류하고 적용된 개체가 생태계에 노출되지 않도록 합의했다고 전해진다.

다양한 식물에서도 크리스퍼 유전자가위 기술이 이미 적용되었다. MIT의 젱얀 펭Zhengyan Feng 교수 연구팀은 2013년 발표한 연구를 통해 크리스퍼-카스9가 식물체의 유전자 편집에 사용될 수 있음을 최초로 입증했다.[1] 이 연구에서 펭 교수는 식물 세포에서 크리스퍼-카스9가 작동하는 것을 확인한 후, 식물의 연구 모델로 사용되는 애기장대와 벼의 성장에 영향을 미치는 몇 가지 유전자들을 선정하여 크리스퍼-카스9로 편집하는 실험을 했다. 그 결과 크리스퍼-카스9가 식물 유전자 편집에 높은 효율성을 보이는 것이 확인되었다. 그러나 유전체의 의도치 않은 다른 부분에도 유전자 편집이 일어날 가능성이 높아 그 문제를 해결해야 상용화를 할 수 있다고 지적했다.

서울대학교의 김진수 교수 연구팀은 카스9 단백질과 gRNA를 복합체 형태로 식물 세포 내부로 도입해 유전자를 편집하는 기법을 개발했다.[2] 연구팀은 이 기법을 이용하여 상추의 식물 호르몬 신호 전달과 담배의 호르몬 합성에 관여하는 유전자를 편집하는 데 성공했으며, 향후 이 기법을 이용해 곰팡이에 내성을 가지는 바나나를 개발하겠다고 말했다. 현재 가장 많은 비율을 차지하는 바나나 품종인 캐번디시 종에 토양곰팡이가 널리 퍼지고 있는데, 이 토양곰팡이가 세포에 침입하지 못하도록 바나나 세포의 수용체 유전자*를 편집해서 문제를 해결하려는 연구를 진행 중이다.

앞에서 설명한 것처럼 크리스퍼 유전자가위 기술을 식물에 적용할 때 카스9-gRNA 방법으로 접근하고자 하는 시도의 기저에는 GMO에 대한 규제를 회피하고자 하는 목적이 있다. 대부분 국가에

---

* 보통 세포는 외부 물질이 침입하지 못하도록 세포막을 가지고 있다. 따라서 세포 내부로 들어가기 위해서 소위 특정 물질을 내부로 통과시키는 통로나 문에 해당하는 단백질이 존재한다. 또 내부로 들어가지 않더라도 세포막에 있는 단백질에 결합해 내부로 신호를 보낼 수도 있다. 이렇게 외부 물질의 통로나 신호를 받는 기능을 하는 세포막 단백질들을 통칭해 수용체라고 한다. 물론 이들도 단백질이므로 이들 단백질에 대한 유전자가 존재한다. 수용체 유전자란 이런 단백질에 대한 유전자를 말한다.

서는 '인위적으로 외부 유전자가 도입된 생명체'를 GMO라고 규정 짓고 각종 정책과 규제를 실행한다. 하지만 카스9 - gRNA 방법을 이용하면 외부 유전자를 식물체 내부로 도입할 필요 없이, 이미 유전체 내에 존재하는 특정 유전자를 자르고 이어 붙임으로써 새로운 형질을 가진 품종을 만들어낼 수 있다. 따라서 기존 GMO의 기준에 해당되지 않아 규제를 회피할 수 있다.[3] 실제로 크리스퍼 유전자가위 기술을 식물이나 가축에 이용하는 많은 연구자들은 이렇게 유전자의 교정이나 편집으로 만들어낸 결과물이 GMO가 아니라고 역설하며, 기존 GMO와 차별화를 시도하고 있다. 일례로 김진수 교수는 "카스9 단백질과 gRNA를 사용해 만든 식물체는 외부 유전자가 삽입되지 않을뿐더러 자연적 변이와 구별할 수 없는 작은 변이만 가지고 있어 외부 유전자가 삽입된 GMO와 다르다"라고 입장을 밝히기도 했다. GMO를 강력하게 규제해온 유럽에서는 이 문제를 민감하게 받아들여 2015년 12월, 유럽 의회에서 크리스퍼 유전자가위 기술을 적용한 생명체에 대해 규제 기준을 마련하라는 내용을 골자로 하는 선언문을 발표했다.[4]

다양한 목적으로 크리스퍼 유전자가위로 가축의 유전자를 교정하거나 편집하는 시도도 활발히 이루어지고 있다. 미국 캘리포니아 대학교 어바인 캠퍼스 연구진은 크리스퍼 유전자가위를 이용해 말라리아를 옮기지 않는 모기를 개발했다. 또한 서울대학교 김진수 교수 연구팀은 2015년 7월 중국 옌볜 대학교 윤희준 교수 연구팀과 공동으로, 근육을 없애는 기능을 가진 '마이오제닌myogenin'이라는 유전자를 크리스퍼 유전자가위로 제거해 일반 돼지보다 근육량이 많은 '슈퍼근육 돼지'를 만들었다.

평균 수명의 증가와 함께 늘어난 장기의 수요를 충족시킬 수 있는 이종 간 장기이식은 인간의 중요 관심사였다. 다른 종의 장기를 이식할 수 있다면, 장기의 수요와 기증되는 장기의 심각한 불균형 문제를 해결할 수 있기 때문이다. 특히 돼지의 장기들은 인간의 장기와 크기가 유사하여 장기이식을 위한 종으로 돼지를 사용할 수 있는가를 두고 가능성이 타진되어왔다. 그러나 돼지를 이용한 이종 장기 이식의 상용화를 가로막는 장벽이 존재하는바, 이는 바로 돼지에 존재하는 'PERV'라는 바이러스이다. 이 바이러스는 돼지의 유전체 내부에 존재하여 돼지에게는 해가 없지만, 인체 내부에 들어오면 심각한 문제를 일으킨다. 그동안 이 문제를 해결하기 위해 많은 제약회사들이 PERV의 활성을 억제하는 약물의 개발에 투자해왔다. 하지만 2015년 10월, 조지 처치George Church와 루한 양Luhan Yang이 이끄는 연구팀은 크리스퍼-카스9를 이용해서 이 문제를 해결했다.[5] 연구팀은 돼지의 세포 유전자에 포함되어 있는 62개의 PERV 바이러스 유전자를 제거하는 데 성공했다.[6][7] 또한 이렇게 처리된 세포의 경우에는 인간 신장 세포에 대한 PERV 감염 능력이 1,000분의 1로 줄어든다는 것을 확인했다. 양 교수는 현재는 세포 단계에서 실험을 진행하고 있지만 향후 돼지 수정란에서 크리스퍼-카스9를 이용해 PERV 유전자를 제거한 후 성체로 키워 장기이식에 이용할 수 있을 것이라고 말했다.

사람에게 크리스퍼 유전자가위 기술이 가장 성공적으로 적용될 수 있는 가능성이 높은 예는 HIV 바이러스에 의해 후천성 면역결 핍증Acquired Immune Deficiency Syndrome, AIDS에 걸린 환자이다. HIV 바이러 스는 T세포라는 면역세포에 존재하는 CCR5라는 수용체를 통해 세 포 내부로 침입하여 면역시스템이 망가지는 후천성 면역결핍증을 유발한다. 그런데 이미 티모시 브라운Timothy Brown이라는 환자에 이 렇게 CCR5 유전자를 제거한 조혈모세포를 이식하여 에이즈를 완 치시킬 수 있음을 보였다.[8] 티모시 브라운의 경우와 같은 원리를 적 용하여 하버드 대학교의 차드 카원Chad Cowan과 데릭 로시Derrick Rossi 연구팀은 크리스퍼-카스9를 이용해 골수의 조혈모세포에서 CCR5 를 제거한 후 이식하는 방법을 통해 HIV를 치료하는 계획을 진행 하고 있다.[9]

카멜 칼릴리Kamel Khalili가 이끄는 연구팀은 HIV 수용체를 없애 는 것이 아닌, 크리스퍼-카스9를 이용해 직접 HIV를 공격하는 전 략을 설계했다. HIV 유전자의 말단 부분에 존재하는 LTRlong terminal repeats이라는 염기서열을 표적으로 삼아 이를 선택적으로 잘라내도록 유도했다.[10] 또한 크리스퍼 유전자가위가 유전체의 다른 부분을 임의로 자르는 효과를 피하기 위해서 HIV 바이러스와 인간의 전체 유전자를 분석하여 잘라낼 염기서열을 선택했다. 그 결과 크리스퍼–카스9 시스템이 HIV 바이러스의 유전자와 인간 유전체에 복제된 HIV 유전자를 탐지하여 잘라내는 것을 확인하였다.[11] 다만 이 방식을 치료에 적용시키기 위해선 수많은 세포들에 크리스퍼–카스9를 전달해야 하기 때문에, 전달 효율성을 극복해야 한다는 한계를 지적받고 있다.

크리스퍼 유전자가위를 이용한 유전자 치료: 암 치료부터 시각 장애 치료까지

부모에게서 물려받은 유전체 정보 중 단 하나의 유전자에 있는 변이로 우리는 치명적인 유전병에 걸릴 수 있다. 또한 유전병의 소지를 갖고 있는 유전자 변이는 당장 한 개체에서 발현되지 않더라도 유전정보 내에 숨어 있다가 자손 세대에서 갑자기 나타날 수 있다. 인류가 막대한 자본과 노력, 시간을 투입해 인간 유전체 프로젝트를 진행하고, 인간 유전체 정보를 알고 싶어 한 가장 중요한 이유 중 하나도 이러한 불합리한 유전병에 속수무책으로 순응할 수는 없다는 자각 때문이 아닌가 싶다. 1980년대, DNA 재조합 기술이 보급되면서 과학자들은 유전자 치료를 꿈꾸었고, 질병을 유발하는 변이된 유전자를 고칠 수 있도록 여러 가지 기술을 발전시켜왔다. 생명체 개체의 유전자를 원하는 형태로 바꾸기 위해 꼭 필요한 기술은 유전체 내 특정 유전자 부분을 잘라내는 것이다. 잘못된 부분을 잘라낼 수 있어야 그 부분을 새것으로 대체할 수 있기 때문이다. 따라서 크리스퍼 유전자가위 기술이 앞으로 가장 큰 영향력을 발휘할 수 있는 분야는 유전자 치료라고 할 수 있다.

유전자 치료란 유전병을 일으키는 이상 유전자를 정상적인 유전자로 대체함으로써 유전병을 치료하는 방식이다. 지금까지의 유전자 치료에서는 독성을 제거한 각종 바이러스를 유전자 전달 매개체로 사용해왔다. 그런데 면역체계가 바이러스를 공격하는 문제로 인해 치료 성공률이 떨어졌던 것은 물론, 바이러스가 돌연변이를 일으켜 환자가 사망에 이르는 등 다양한 문제점들이 발생했다. 또한 외부에서 도입되는 유전자 자체가 변형되어 기능 이상을 일으켜 문제가 되는 경우도 있었다. 이렇듯 기존의 유전자 치료법의 한계 때문에, 크리스퍼 유전자가위 기술은 그 등장 시점부터 기존의 유전자 치료의 기술적 한계를 해결해줄 열쇠로 주목받았다. 크리스퍼 유전자가위 기술은 유전자 치료의 가능성을 대폭 높여줄 것으로 기대되었으며 기술적으로도 더욱 쉬운 접근을 가능하게 해주었다. 현재는 크리스퍼가 갖는 이런 장점들에 더해 유전자 치료법의 엄청난 경제적 잠재력에 주목한 다양한 벤처기업들이 설립되어 유전자 치료법을 상용화하기 위한 연구를 진행 중에 있다.

에릭 올슨Eric Olson 연구팀은 2014년 쥐의 배아를 대상으로, 2015년 12월에는 성체 쥐를 대상으로 크리스퍼를 이용한 유전자 치료를 통해 뒤시엔느 근위축증을 치료하는 성과를 발표했다.[12] 뒤시엔느 근위축증은 X 염색체에 존재하는 유전자의 이상으로, 주로 남자아이에게 자주 발생하며 4세 전후부터 근육이 무력해져 걸을 수 없게 되고 여러 가지 근육 이상으로 어린 나이에 사망에 이르는 질병이다. 비록 실험적 단계에서 낮은 수준의 치료 성공률에 그쳤다고는 하지만, 그 가능성을 확인한 것만으로도 의미가 크다.

크리스퍼를 이용한 유전자 치료의 임상실험을 최초로 승인한 국가는 중국이다. 현재는 크리스퍼 유전자가위 기술을 이용하여 다양한 인간의 질환을 치료하기 위해 전 세계 연구진이 앞다투어 임상시험에 돌입하고 있다. 유전병으로 잘 알려진 혈우병을 치료하기 위해 미국 벤처기업인 샌가모 바이오사이언스Sangamo Bioscience는 올해 혈우병 환자 80명을 대상으로 혈우병을 유발하는 유전자를 그대로 둔 채, 정상적으로 혈액을 응고시키는 단백질의 유전자를 삽입하는 임상시험을 진행 중이다. 2016년 6월 21일, 미국 국립보건원National Institutes of Health, NIH 자문위원회는 최초로 크리스퍼 – 카스9를 활용해 암환자를 치료하는 임상시험을 허가했다. 임상시험 승인을 요청한 에드워드 스태드마우어Edward Stadtmauer 박사는 이번 실험에서 암세포를 탐지하는 단백질 유전자를 T면역세포에 삽입해 직접 암세포를 공격하도록 유도하는 것을 목표로 두고 있다. 미국 식품의 약국U.S. Food and Drug Adminstration, FDA의 최종 승인까지 떨어지면 세계 최초로 크리스퍼 유전자가위를 이용한 암환자 치료가 이뤄지게 된 다. 미국 펜실베이니아 대학교 연구팀은 2017년 말쯤 암환자 18명을 대상으로 임상시험에 들어갈 수 있을 것으로 예상하고 있다. 이 번 연구 승인에 힘입어 하버드 대학교 의과 대학 교수인 조지 처치가 설립한 에디타스 바이오테크놀로지스Editas Biotechnologies도 2017년 크리스퍼를 이용하여 희귀한 실명 질환에 대한 임상시험을 계획하고 있다고 밝혔다.

크리스퍼 유전자가위를 이용한
인간 유전체 교정 연구와 그 파장

2015년 4월, 중국 중산 대학교의 황진주Huang Jinju 교수 연구팀은 크리스퍼 유전자가위 기술을 이용해 인간 배아의 유전자를 편집했다는 연구 결과를 발표했다.[13] 이 연구에서는 불임클리닉에서 제공받은 '폐기된'[14] 인간 배아를 대상으로 크리스퍼를 이용해 베타지중해성 빈혈●에 관여하는 HBBhemoglobin-B 유전자●●를 편집하는 실험을 진행했다. 인간의 배아를 이용한 황진주 교수의 연구는 발표되기 이전부터 많은 논란을 불러일으키며 과학자들을 두 진영으로 양분시켰다. 크리스퍼-카스9 기술의 선구자 중 한 명인 제니퍼 다우드나를 비롯한 17명의 과학자들은 인간 배아의 유전자 변형을 시도하는 연구를 당장 중단해야 한다고 강력히 주장했다. 반면, 조지 처치를 비롯한 반대 진영에서는 인간 배아 유전자 편집을 통해 의미 있는 과학적 성과를 얻을 수 있으며, 정해진 가이드라인을 따른다면 문제될 것이 없다는 입장을 보였다.

중국에서 인간 배아를 이용한 크리스퍼 유전자 교정 실험을 한다는 소식이 전 세계로 전해진 이후, 가장 먼저 반응을 한 것은 영국의 과학자들이었다. 2015년 9월 2일, 영국 의학연구위원회Medical Research Council, MRC를 비롯한 5개의 연구단체에서 "법적으로 정당하게 진행된 경우, 크리스퍼-카스9를 이용한 인간 배아 편집은 가능하다"라는 성명서를 발표했다. 그로부터 며칠 후인 9월 8일, 영국 프랜시스 크릭 연구소The Francis Crick Institute의 캐시 니아칸Kathy Niakan 박사는 인간 배아의 초기 발생 과정에 대한 정보를 얻기 위해 크리스퍼-카스9를 이용하는 인간 배아 유전자 편집 실험에 대한 승인을

● 베타지중해성 빈혈은 헤모글로빈 유전자의 이상에 의해 빈혈이 발생하는 유전병을 뜻한다.

●● 혈액을 운반하는 헤모글로빈은 2개의 A, 2개의 B 헤모글로빈 단백질이 모여 이루어져 있는데 그중 헤모글로빈 B에 대한 유전자를 HBB 유전자라 부른다.

정부에 요청했다. 과학자들은 "이미 배아를 파괴하는 많은 실험들이 진행되고 있는데, 크리스퍼를 사용한다고 해서 승인하지 않을 이유는 없다"라며 실험에 대한 승인을 지지했다. 결국 2016년 2월, 영국 보건부 산하 인간 생식 배아 관리국Human Fertilization and Embryology Authority, HFEA은 니아칸 박사의 연구를 승인했다. [15]

니아칸 박사의 연구 승인 요청과 영국 정부의 승인에는 인간 배아의 유전자 편집 문제에 대한 힝스턴 그룹Hinxton Group의 입장이 큰 영향을 미쳤다는 해석이 많다. 힝스턴 그룹은 '존스 홉킨스 버먼 생명윤리 연구소The Johns Hopkins Berman Institute of Bioethics'와 '줄기세포 정책과 윤리 프로그램Stem Cell Policy and Ethic Program'의 구성원들이 주축이 되어 결성한 단체로서 줄기세포, 유전자의 지적 소유권과 같은 다양한 생명윤리 문제에 대해서 의견을 내왔다. 2015년 9월 3일, 8개국에서 모인 22명의 힝스턴 그룹 회원들은 "유전자 편집 기술을 생식 분야에 적용하는 것은 시기상조이지만, 인간 배아를 이용하는 실험실에서의 연구를 통해 안전성과 유효성을 평가할 필요가 있다"라는 내용의 성명서를 만장일치로 채택했다. [16] 이들은 생식 목적으로 인간 배아의 유전자를 편집하는 문제에 대해서는 의견 일치를 보지 못했지만, "정당한 이유 없이 과학 연구를 제한해서는 안 된다"라는 확고한 입장을 내비쳤다.

인간 배아 편집에 호의적인 분위기는 같은 해인 2015년 12월 워싱턴에서 열렸던 '국제 인간 유전자 교정 정상회담'에서도 그대로 드러났다. 미국 국립 과학 아카데미, 미국 국립 의학 아카데미, 영국 왕립협회, 중국 과학원이 공동으로 주최하고 20개국 500여 명의 과학자가 참여한 이 회의에서는 "생식을 목적으로 하는 인간 배아의 조작 연구는 자제하는 것이 좋지만, 유전자 교정 연구를 당장 중단하지는 말자"라는 합의안이 도출되었다. 크리스퍼 – 카스9 기술의 선구자 중 한명으로 회의에 참석했던 조지 처치 교수는 "설사 일부 과학자들이 배아의 교정을 삼가는 데 동의하고, 일부 국가에서 배아 교정을 금지하더라도 누군가는 연구를 계속할 것이다. 어쩌면 우리는 배아 연구를 금지함으로써 최악의 시나리오에 빌미를 제공하는지 모른다"라는 입장을 내보였다.

세계적으로 큰 충격을 불러일으켰던 황진주 박사의 연구 발표가 있고 1년 뒤인 2016년 4월, 중국 광저우 대학교 의과 대학의 판 용Fan Yong 박사는 또 다른 인간 배아 유전자 편집 연구를 발표했다.[17] 판 용 박사는 2014년 4월부터 9월 사이에 시험관아기 시술 과정에서 도태된 213개의 인간 난자를 기증받아 크리스퍼 – 카스9로 CCR5 유전자를 불능화시키는 편집을 했다고 한다. CCR5 유전자에 돌연변이가 생기면 에이즈를 일으키는 HIV 바이러스가 T면역 세포에 침입하지 못해 에이즈에 대한 내성이 생긴다. 하지만 판 용

신의 기술, 크리스퍼 유전자가위

박사의 연구에 대해 회의적인 시각을 보이는 과학자들도 있다. 보스턴 소아병원의 조지 데일리George Daley 박사는 "HIV에 대한 내성을 가지기 위해서는 한 쌍의 CCR5 유전자 모두가 돌연변이를 일으켜야 하는데 판 용 박사의 실험은 그러지 못했다. 그저 크리스퍼를 인간 유전체에 적용시킬 수 있다는 사실을 재확인한 것일 뿐"이라고 논평했다.[18] 해당 연구는 2015년의 연구만큼 큰 파장을 불러일으키지 않았는데, 아마도 1년 사이에 진행된 다양한 논의들을 통해 '생식 목적이 아닌 인간 배아의 조작 연구'에 대한 공감대가 형성되었기 때문이라고 생각할 수 있다. 일례로 에든버러 대학교의 생명윤리학자 사라 챈Sarah Chan은 "나는 중국의 과학자들이 한 일에 잘못이 있다고 생각하지 않는다. 그들은 유전적으로 변형된 인간을 만들려는 것이 아니다"라는 평을 내놓기도 했다.

크리스퍼 유전자가위 기술이 던지는 질문들

앞에서 설명한 것처럼 크리스퍼 유전자가위 기술을 이용한 유전체의 교정 및 편집은 가히 혁명이라고 할 수 있을 정도로 생명체를 대상으로 한 인간의 조정 능력과 그 효율을 획기적으로 증대시켰다. 크리스퍼 유전자가위 기술이 처음 세상에 등장하고 이를 이용한 인간 유전체 교정 실험이 진행된 지난 2~3년의 짧은 기간 동안 크리스퍼 유전자가위 기술에 대한 수많은 논쟁들이 오고 갔다. 대부분의 논쟁은 생명윤리적 관점에서 크리스퍼 유전자가위 기술과 인간 유전체 편집에 대해 문제점을 제시하며 옳고 그름을 논했다고 해석할 수 있다. 그렇지만 논쟁으로 이 기술의 발전 속도를 줄이거나 막을 수는 없을 것 같다. 우리에게 주어진 이 막강한 힘을 우리는 어떻게 사용할 것인가의 중대한 숙제가 발등의 불처럼 우리에게 다가와 있다.

크리스퍼 유전자가위 기술은 그 목적을 앞에 내세워 보통 영어로 'Gene Editing' 기술이라고 한다. 한국말로 바꾸면 유전자 교정이나 유전자 편집으로 번역할 수 있다. 크리스퍼를 연구하는 학자들은 틀린 것을 바로잡는 의미이니 더 긍정적이라고 주장하면서 유전자 교정이라는 단어를 사용하기 권장한다. 그러나 교정에 대해 이야기하려면 반드시 가치관이 개입하여야 한다. 교정이라는 것은 결국 옳거나 맞는 것이 있다는 가정을 내포하고 있고, 그에 대비해 잘못된 것을 고친다는 의미이다. 그렇다면 유전자 중 어떤 형태는 '옳은' 것이고 어떤 것은 '그른' 것인가를 어떻게 판단할 것인가에 대한 질문이 필요하다. 또 그 질문에 대한 답을 구하기 위해 여러 사람들의 의견 교환을 통한 합의점에 도달하는 일이 선행되어야 한다. 그리고 유전자의 옳고 그름을 판단하는 주체가 누구인가도 중요한 논의점이 될 수 있다. 왜냐하면 국가가 그 주체가 되었을 때, 국가 권력이 우리의 유전체 정보를 판단하고, 교정 여부에 개입할 수 있기 때문이다. 이는 우리에게 19~20세기 여러 나라에서 과학이라는 이름으로 인간의 차별을 정당화했던 우생학의 망령이 다시 살아올 수 있는 과학적 기반을 만들 수도 있다.

인간 유전체 프로젝트를 비롯한 1990년대 후반 이후 생명과학의 발전이 '인간'의 정체성을 DNA라는 분자 수준으로 바꾸어놓은 것처럼, 크리스퍼 유전자가위 기술은 인간의 속성을 근본적 조작이 가능한 대상으로 만들지도 모른다는 점에서 두려움을 준다. 이미 이스라엘이나 중국 등에서는 이 두려움이 실현되는 듯하다. 이스라엘은 유대인끼리 결혼하는 순혈주의 전통 때문에 인구적 특성상 다른 국가들에 비해 유전병의 발생 확률이 더 높다고 한다. 이스라엘 정부는 이에 대한 대안으로 1990년대 중반부터 성인과 태아의 유전자 검사 비용을 건강보험을 통해 지급하는 정책을 실시하고 있다. 이스라엘의 경우에는 기형아 출산의 가능성이 높은 경우에는 진단을 통해 합법적으로 낙태가 가능하다. 태아를 인간으로 보지 않는 유대교 문화로 인해 실제로 유전자 검사를 통해 이상이 발견될 경우 낙태로 이어지는 확률도 높다고 한다. 한 연구 결과에 따르면 유태인 중 유전병 발병 확률이 높은 아슈케나지 집단에 속하거나 교육 수준이 높을수록 유전자 검사에 찬성하는 비율이 높다고 한다. 여기서 더 나아가 2015년 12월에 있었던 인간 유전체 교정 정상회담에 참가한 이스라엘의 에파랏 레비 - 라하드 박사는 "이스라엘은 이미 정부 차원에서 유전자 진단 비용을 지급하고 있지만, 이것으로 모든 유전질환을 예방할 수는 없으므로 크리스퍼 유전자가위 기술의 인간 배아에 대한 임상적 이용을 원칙적으로 찬성한다"라는 발언을 하기도 했다. 이처럼 이스라엘이 유전자 검사를 통해 건강한 인간을 선별하고, 심지어는 인간 유전자 편집에까지 적극적인 이유는 인구자원이 감소하고 있는 이스라엘에서 우수한 인적 자원을 확보하고 국력을 유지하기 위해서라고 해석할 수 있다.

사회나 국가 차원이 아니더라도 우리가 유전체 정보를 교정하거나 편집할 수 있는 능력을 손에 넣게 된 이상 생로병사의 생명체로서 갖는 당연한 한계를 넘고 싶은 인간의 욕망을 어떻게 제어할 것인가의 논의가 필요하다. 크리스퍼 유전자가위 기술을 유전병 치료에 이용하는 데 대한 동의를 이끌어내기는 어렵지 않다. 하지만 문제는 어디까지가 예방과 치료가 꼭 필요한 질병이고 어디부터가 단순히 생명체의 능력을 증가시키는 강화인지 그 구분이 쉽지 않다는 점이다. 질병과 강화에 대한 명확한 선을 긋기 어렵기 때문에 크리스퍼 유전자가위 기술과 관련된 윤리 문제의 논의와 판단에 어려움이 있다. 인간들 사이에서 유한한 자원을 두고 펼쳐지는 삶이라는 기나긴 생존 경쟁에서, 정상적이거나 근육질이거나 키가 크다는 사실이 절대적으로 유리하다는 사실을 우리는 알고 있다. 여기에서 인간의 욕망이 작동하게 된다. 그러므로 개인의 욕망이 치료나 강화의 기준에 심각한 영향을 미치는 우리가 사는 세상에서 이에 대한 합의를 도출하는 것은 어렵다. 이런 선택에 대해 우리는 개인의 자유를 인정할 수밖에 없다. 그러나 이런 개인의 선택 앞에서 우리가 손쉬운 과학적 방법으로 욕망을 채워가는 과정에서, 생명체의 한 종으로서 인간의 정체성과 인간의 본질에 대해 놓치고 있는 것은 없는가에 대한 논의가 필요하기도 하다.

또한 인간이 크리스퍼 유전자가위 기술을 통해 맥주 발효에 이용하는 효모부터 야채, 과일, 돼지, 소에 이르기까지 다른 모든 생명체의 유전정보를 인간의 의도에 맞게 편집할 수 있는 능력을 갖게 된 지금, 어떤 기준으로 이 기술을 적용할 것인가에 질문을 던질 수밖에 없다. 즉, 우리는 크리스퍼 유전자가위 기술로 인간이 합성생물학과 함께 생명체의 지적 설계자의 힘을 갖게 된 새로운 세상에 살게 된 것이다. 많은 과학자들이 이야기하는 대로 크리스퍼 유전자가위 기술이 그냥 원래 가지고 있던 유전자를 빼거나 넣는 것에 불과하고, 자연에서 수백 년, 수천 년 걸리던 일을 단지 속도만 빠르게 했을 뿐이니 아무 문제가 없다는 생각은 매우 위험할 수 있다. 생명이 무엇이고, 그것을 인간이 마음대로 편집할 권리가 있는가에 대해 진지하게 질문을 던져보아야 하는 시점이다. 또한 지구에서의 수백, 수천 년이라는 시간은 곧 지구에 특정한 환경이 만들어지는 시간을 의미한다. 따라서 크리스퍼 유전자가위 기술이 인위적으로 속도만을 빠르게 한다 해도, 주변 생태의 다른 생물체들이 적응하고 함께 변화할 시간 없이 변화가 갑자기 주어진다는 점에서 생태계에 문제를 야기할 수 있다. 크리스퍼 유전자가위 기술을 이용하는 '살아 있는 생명체'의 자리에 기업들의 자본이 폭포수처럼 밀려 들어오면서 자본을 통해 '생물'을 산업으로 추동하는 추세는 급물살을 타고 있다. 크리스퍼는 세계화된 자본주의의 오늘을 살고 있는 우리에게, '경제적 이익이 될 수 있다면 모든 것이 가능한가' 하는 질문의 핵심에 서게 한다.

〔윤리학〕

우리는 왜 유전자 편집의 우생학적 유혹에 취약할 수밖에 없는가?

유전자 편집을 둘러싼 욕망과 윤리의 변증법

김종우

명지대학교 방목기초교육대학 객원교수

연세대학교 연합신학대학원 강사

'욕망하는' 인간,
'윤리하는' 인간

        (이 글에서는 통상적으로 쓰지 않는 '윤리하다'라
는 용어를 쓰고 있다. '윤리하다'는 '욕망하다'와 마찬가지로, 비의지적인
차원에서 이미 그러한 활동이 일어나고 있고, 또 의식을 통해서 이를 주체
적으로 수행 및 조정할 수도 있다는 의미에서 사용된 표현이다. 욕망과 윤
리는 서로 다른 차원에서의 활동이지만 수동성과 능동성이 오묘한 연합을
이루는 활동이라는 점에서 동일하다.) 2015년 12월 미국의 워싱턴에서
는 미국 국립 과학 아카데미, 미국 국립 의학 아카데미, 중국 과학
원, 영국 왕립협회가 공동으로 주최한 '국제 인간 유전자 교정 정
상회담'이 개최되었다. 이 회담에는 세계 20여 개국의 단체들과 약
500여 명의 전문가들이 모여 인간 유전자의 편집에 대한 각자의 의
견을 개진하고 전반적인 합의점을 찾고자 노력하였다. 다양한 논의
와 의견들이 개진되었지만 회담의 핵심적인 이슈를 꼽는다면 "크리
스퍼로 대표되는 유전자 편집 기술을 인간의 배아나 생식세포에 적
용할 것인가? 만약 적용한다면 어느 선에서 허용할 것인가?"에 있
었다고 해도 과언이 아닐 것이다. 유전자 편집 기술이 유독 이와
같은 윤리적 문제와 얽히게 되는 이유는 무엇일까?

    여타 기술과 마찬가지로 우리가 크리스퍼 유전자가위 기술을

그 자체로서만 생각한다면 일반적으로 가치중립적인 것으로 인식하게 된다. 하지만 워싱턴의 회담에서와 같이 어떤 과학기술의 적용이나 적용 대상의 문제를 다룰 때면 우리의 윤리의식이 촉발된다. 특히 크리스퍼 유전자가위 기술의 적용 문제를 논의할 때면 대부분의 경우 인간 유전자의 변형이나 제거 및 삽입과 같은 인간 자신의 미래에 대한 문제의식과 연관된다. 그리고 "사람은 어떤 존재인가?"라든지, "자연 안에서 인간의 윤리적 역할은 무엇인가?"와 같은 인간의 자기이해에 대한 질문들이 윤리적 층위에서 제기된다.

물론 이러한 윤리적 이슈들은 기존의 인간 유전공학에 대한 논의들과 크게 다르지 않다. 다만 크리스퍼 유전자가위 기술에 다른 점이 있다면 20세기 후반에 유전공학이 나타난 후 기대와 우려 속에서 제기된 수많은 문제들이 비로소 임박한 실현 가능성 안에서 논의되기 시작했다는 것이다. 영화 〈가타카〉나 〈스플라이스〉와 같은 상상의 이야기들 속에서 제기되었던 문제들, 예컨대 맞춤아기나 유전자 계급사회의 문제, 인간과 다른 생명체의 유전자가 결합된 하이브리드 생명체의 탄생 등의 우려가 유전자 편집 기술의 발전으로 우리의 눈앞에 펼쳐질 임박한 현실로서 다가온 것이다. 그러므로 이제 이러한 문제들은 공상과학에서의 막연한 이야기가 아니다. "진짜로 할 것인가, 말 것인가? 그것이 문제로다"라고 물을 수 있는 현실화의 기로에 선 문제들이다.

하지만 과학기술의 눈부신 발전 속도에 비하여 일반인들이 그것을 충분히 이해하고 올바른 판단과 윤리적 선택을 하기에는 작금의 기술발전 속도가 너무 빠르다는 것이 큰 장애로 다가온다. 정확한 사실판단을 하기 이전에는 올바른 가치판단을 하는 것 또한 어려운 일이기 때문이다. 하지만 특정 분야에 오랫동안 종사한 전문가들의 경우에도 학문의 세분화로 인하여 자신의 전문 분야 이외의 영역이 추구하는 가치들에 대해서는 별다른 중요성을 부여하지 않는다는 것 또한 심각한 문제이다. 그 결과 인간 배아나 생식세포에 대한 유전자 편집 기술의 적용과 같은 인류 전체의 미래를 극적으로 변화시킬 수도 있는 중대한 사안들이 단순화된 손익계산서 위에서 유익성과 위험성과 같은 '생존의 가치'만으로 그 가부가 결정되는 안타까운 사태가 벌어지게 되는 것이다.

그러므로 우리는 현세대가 가지고 있는 편견이나 잘못된 관습, 가치판단의 비진정성, 욕망과 두려움, 자기합리화하는 이데올로기 등을 뒤로하고 한 번 더 용기 있게 질문해야 한다. 그러나 무엇을 물어야 할 것인가? "크리스퍼 유전자가위 기술을 인간 배아나 생식세포에 적용할 것인가?"를 묻기 이전에, 그러한 선택이 과연 어떤 과정을 통해 일어났으며, 그 윤리적 판단의 기준은 무엇이었으며, 그러한 기술이 지향하는 목적이 무엇인지부터 진지하게 물어야 할 것이다. 특히 생존의 가치가 다른 가치들의 기초가 되는 것은 사실이지만, 적어도 우리가 '윤리'를 고려하고자 한다면 인간이 추구하는 다른 가치들 또한 진지하게 고려되어야만 한다. 사람은 빵만으로 살 수 없기 때문이다. 그러므로 유전자 편집 기술의 사회적·역사적·문화적·인격적·종교적 가치들에 대해 진지하게 고려해야 하며, 인류 전체의 미래에 중차대한 영향력을 지닌 결정을 어떤 한두 가지 가치의 편향된 고려를 통해서만 결정해서는 안 될 것이다.

물론 이러한 문제제기가 어떤 이들에게는 너무 과한 것으로 여겨질 수도 있다. 번영하는 인류 문명과 그것을 추동하는 과학기술의 발목을 잡으려는 것으로 인식될 수도 있다. 하지만 오늘날 우리에게 중요한 것은 속도가 아니라 방향이 아닐까? 눈먼 이가 다른 눈먼 이들을 인도하는 것만큼 위험한 일은 없듯이, "인간이란 어떤 존재인가?", "인간의 삶의 의미는 무엇인가?"와 같은 삶의 가장 근본적 질문들을 회피한 채 인간에 대한 일면적인 이해를 가지고 눈앞의 작은 욕망과 두려움에 좌지우지된다면 그보다 위험한 일은 없을 것이기 때문이다.

하지만 우리가 다른 모든 문제들을 제쳐두고 왜 언제나 그렇게도 '생존'의 가치만을 유별나게 강조하게 되는지는 한 번쯤 생각해봄직하다. 도대체 왜 그런 것일까? 아마도 그것은 개체적인 인간의 유한성을 최종적으로 결정짓게 만드는 '죽음'이라는 불가피한 사건을 현생 인류가 온전히 극복하지 못한 결과가 아닐까 한다. 유한한 인간, 곧 죽음과 노쇠, 질병과 고통, 굶주림, 그리고 이로 말미암은 불안과 함께 살아가야만 하는 연약한 인간이기에, 다른 어떤 가치보다도 생존의 가치가 우선적으로 다가올 것이라는 것은 충분히 이해할 수 있는 일이다. 그래서 유전자 편집 기술을 통한 우생학*적 시도들이나 인간향상human enhancement**의 욕망이 그렇게도 달콤하고 유혹적으로 다가오는 것이다.

그러나 실제적으로 우리가 사회를 이루어 살아가면서 당면하는 더욱 심각한 문제는 그러한 인간의 욕망에 대한 성찰의 너머에 있다. 잠재적인 선택지들을 현실화하는 과정에서 어떠한 당위적인 선언도 인간의 현실적인 욕망과 두려움으로 추동되는 근시안적인 행동들을 저지하지 못하기 때문이다. 오늘날 쏟아져 나오는 인간의 욕망에 대한 정신분석학적인 담론들을 고려하지 않더라도, '유혹temptation'이라는 영어 단어의 사전적 뜻을 살펴보는 것으로 충분하다. 콜린스 영어사전에 의하면, 유혹은 "당신이 그것을 정말 피해야 한다는 것을 알고 있음에도 불구하고 그것을 하기 원하거나 가지고 싶어 하는 감정"으로 정의된다. 다시 말해서, 당위와 현실 사이에서 사람으로서 마땅히 행하거나 지켜야 할 도리인 윤리를 우리

---

* 우생학은 인류 안에 있는 유전적 소질에 있어서 열등한 것을 제거하고 우월한 것만을 증가시키려는 시도를 말한다. 우월함과 열등함에 대한 인위적인 판단은 나치의 인종 정책과 같은 대재앙의 씨앗이 되기도 했다.
** 인간향상이란 사람이 본성적으로 가지고 있는 한계들을 극복하기 위한 다양한 시도들을 뜻한다.

가 '알고 있음'에도 불구하고 그것을 진정으로 '원하지' 않는다는 것
이다. 역으로 말하면, 사람으로서 마땅히 하지 않아야 된다는 것을
알면서도 오히려 그것을 원하고 또 가지고 싶어 하는 모순된 존재
가 바로 인간이라는 것이다. 이것은 인류 역사를 통해서 늘 고민되
어왔던 문제였다.

그러면 우리는 어떻게 해야 할까? 유전자 편집 기술의 사안에
대해서도 세속주의secularism●에 백기를 들고 현실과 영합하여 "다 그
런 것 아닌가" 하며 눈앞의 '욕망'을 따라가야 할까? 아니면, 자기
는 고고한 척 그런 세상을 정죄하고 혀를 차면서 '윤리'라는 잣대를
앞세워 덮어두고 반대해야 할까? 혹은, 나치의 우생학적 시도나 혁
명의 기치를 든 20세기 마르크스주의자들처럼 어떤 집단이 옳다고
생각한 바를 위하여 이웃들을 강제하는 '힘'을 행사하며 밀어붙여야
할까?

이와 같은 윤리적 난제들을 해결하기 위하여 사람들은 보통 윤
리학 서적을 뒤적인다. 하지만 실제적으로 윤리로부터 제기된 문제
들의 해결책은 윤리 안에 있지 않다. 무엇이 가치 있는 일인가를
'아는 것'과 '행하는 것'은 완전히 별개의 문제이기 때문이다. 물론
이 지점에서 '인간의 자유'와 같은 우리 삶의 근본적인 문제들이 새
롭게 드러날 수는 있다. 예컨대 '유혹'과 같은 감정 상태를 다시 한

● 세속주의란 인간이 마땅히 추구해야 할 가치의 범위를 오직 외적
인 삶의 영역으로만 한정하는 태도를 말한다.

번 생각해보자. 그것은 윤리적으로만 보자면 부정적인 단어일 뿐이지만, 인간의 자유라는 측면에서 보면 당위와 욕망 사이에서 고민하는 인간의 불안한 실존이 가진 잠재적 자유의 터전이다. 유혹이 자유의 터전이라는 말이 잘 이해가 가지 않는다면, 입력된 행동지침 대로 행동하는 단순한 로봇을 생각해보자. 그런 로봇에게 있어서 유혹이란 단어는 이해될 수 없는 것이다. 하지만 인간은 로봇이 아니기에 수많은 결정론들, 예컨대 유전자 결정론, 환경 결정론, 교육 결정론, 유물론materialism적 결정론* 등에 매여 있는 고리를 풀어내고, 인간의 '자유自由', 곧 '자기로 말미암음'을 스스로 행사하는 주체적 존재로서의 가능성을 담지하고 있다는 의미이다. 그때 자유와 책임의 관념, 곧 '인격人格'으로서의 가치가 우리 앞에 선명하게 드러난다.

물론 한 개별적 윤리 주체의 선택이 객관적으로 볼 때 비윤리적인 것일 수도 있다. 그래서 개개인이 행사하는 자유의 내용과 결과에 대해서는 우리가 비판적으로 되묻고 '무엇이 더 옳은 일인지'를 진정성 있게 추구해야만 한다. 하지만 인간의 자유가 드러날 수 있는 형식적 터전은 '욕망하는' 인간과 '윤리하는' 인간의 모순 또는 변증적 긴장 속에 잠재하고 있다. 흡연이 건강에 좋지 않다는 것을 알

---

* 인간의 삶에 결정적으로 영향을 끼치는 요소들로 보통 유전, 환경, 교육을 논한다. 그리고 어느 요소를 더욱 주된 것으로 생각하는가에 따라서 유전자 결정론, 환경 결정론, 교육 결정론 등으로 나뉜다. 특히 오늘날에는 그런 요소들 중에서도 물질적인 부분의 영향력이 지대하다고 보는 논의가 많은데 이를 유물론적 결정론이라고 한다. 유물론이란 오직 물질만을 참된 것으로 보는 실재에 대한 관점을 말한다.

면서도 흡연을 하는 사람을 우리가 칭찬할 수는 없는 일이지만, 그
것을 강제적으로 저지하는 것은 분명 그가 가진 자유와 대립된다.

　마찬가지로 유전자 편집 기술의 우생학적 적용 역시 동일하게
생각해볼 수 있다. 그것은 생존의 가치 안에서 작동하는 기본적인
우리의 욕망이지만, 동시에 인격의 가치를 추구하는 윤리적 인간에
게는 어떠한 반감을 불러일으킨다. 인간이라면 누구나 '원하는
바'(욕망)와 인간으로서 '마땅히 하거나 하지 말아야 할 바'(윤리)가
동시에 제기되는 것이다. 그때 누군가는 욕망이 이끄는 자연스러운
길을 따라가거나, 혹은 자신의 고유한 입장에 따라 책임감을 가지
고 윤리적 결단을 수행할 수도 있을 것이다. 후자의 경우, 공리주
의utilitarianism●적인 윤리적 입장에 따라 이 사안을 숙고할 수도 있고,
특정한 종교적 교리에 근거하여 긍정하거나 반대할 수도 있을 것이
다. 혹은 일반적인 도덕원리를 자신의 행동규범으로 삼을 수도 있
을 것이다. 하지만 여기서 우리가 주목하는 것은 어떤 특정한 윤리
적 입장이 아니라, '욕망'과 '윤리'의 갈등 속에서 선택해야 하고 또
행동해야 하는 인간의 불안한 실존적인 상황이다. 왜 우리는 우리
의 소중한 자유를 책임감 있게 행사하고 현실화하는 데 그렇게도
어려움을 겪는가? 도대체 왜 그럴까?

　지금부터 '유전자 편집 기술'이라는 화두를 가지고 우리가 이 문

● 공리주의란 인간 행위의 윤리적 기초를 최대 다수의 최대 행복에
서 찾는 사상을 말한다.

제에 대하여 차근차근 함께 생각해볼 것이다. 그러면 그 첫 단계로서 '유전자'라는 단어의 의미가 우리의 문화 속에서 어떤 방식으로 스며들어 있는지부터 일별해보자. 문화를 먼저 살피는 이유는 문화란 우리가 어떤 일을 고민하고 결단을 내릴 때 우리가 진정으로 참된 가치가 있다고 믿는 규범과 기준의 맥락을 우리에게 제공해주기 때문이다.

우리 문화 속에 스며든 '유전자'

문화에 대한 다양한 정의가 있지만, 여기서는 문화를 "의미와 가치의 복합적 관계망"으로 정의해보자. 문화를 그렇게 정의한다면 우리는 언제나 그 안에서 생각하고 이해하고 판단하면서 서로에게 말을 건네며 살아가고 있다고 할 수 있다. 그런데 언젠가부터 한국을 비롯한 세계의 문화지형 안에는 다양한 유형의 슈퍼 히어로들이 출몰하고 있다. 감마선에 노출되어 인체가 변형되고 무지막지한 힘을 가지게 된 헐크나, 돌연변이 인간으로 다양한 초능력을 사용하는 엑스맨, 방사능 거미에게 물려 신기한 능력을 갖게 된 스파이더맨, 특수한 혈청을 맞고 인간의 능력을 한계치까지 끌어올린 캡틴 아메리카, 최첨단 기술이 집적된 수트를 입고 하늘을 누비는 아이언맨까지 슈퍼 히어로물의 주인공들이 대중적으로 큰 인기를 끌고 있는 것이다.

이것은 '슈퍼 히어로'가 공유하는 어떤 특성에 대한 우리의 관심이 높다는 것을 말해주며, 이러한 관심은 유별난 것이 아니라 유년기의 남자아이에게 있어서 지배적으로 나타나는 일반적인 심리 현상이다. 슈퍼 히어로물에 대한 우리의 관심과 그 인기의 원인이 어디에 있는 것이냐고 묻는다면, 물론 그에 대한 대답 역시 다양할 수 있다. 하지만 지금 우리가 관심을 두고 있는 '욕망'과 '윤리'의 관점에서 본다면, 그들은 모두 어떤 요인에 의하여 일반적인 인간성을 넘어선 '힘'을 가지고 있다는 공통점이 있다. 그리고 그 힘은 평범한 인간이 해결할 수 없는 생존을 위협하는 악으로부터 지켜주는 힘인 동시에, 사람이 지켜야 할 최소한의 존엄성을 회복시켜주는 힘인 것이다. 특히 낭만적인 옛 시대의 '순진할 정도로 선한' 영웅들에 비하여 현대적 영웅들은 그 윤리성보다는 힘 자체가 더욱 강조되고 있다는 점이 주목할 만한 특징이다. 변덕스럽고(아이언맨), 자기의 거대한 힘을 주체하지 못하며(헐크), 국가주의에 매몰되어 있고(캡틴 아메리카), 심지어 선과 악 사이에서 심각하게 고민하기도 한다(배트맨). 심지어 데드풀은 '힘'만 무지막지할 뿐 그 성정은 오히려 악당에 가깝지만 많은 이들이 그의 이야기를 즐기기 위해 시간과 돈을 쓴다. 그렇게 본다면 현대인에게 있어서 이러한 슈퍼 히어로물의 인기는 그들이 가진 선함의 가치가 아니라, 바로 '힘' 자체에 대한 동경에 있다고 해도 그리 틀린 말은 아닐 것이다. 현대 사상의 선구자들의 말처럼, 오늘날 우리는 "힘이 곧 가치"가 된 세상에서 살고 있는지도 모른다.

여기서 우리가 또 하나 주목할 점은 옛 시대의 영웅들과 오늘날의 영웅들 사이에는 흥미로운 또 하나의 차이점이 존재한다는 것이다. 옛 시대와 오늘날의 영웅들이 모두 인간의 정상적인 능력을 훌쩍 뛰어넘는 힘과 초능력을 가지고 있다는 점에서는 별다른 차이가 없지만, 오늘날의 영웅들의 경우 그들의 신체를 결정하는 '유전자' 정보의 배열이나 내용의 변화가 그러한 힘을 발현하는 지배적인 '상징적 매개물'로 등장하고 있다는 점에서 차이를 보인다. 기계공학을 이용하는 아이언맨이나 배트맨 등을 제외한다면 헐크, 엑스맨, 스파이더맨, 캡틴 아메리카, 데드풀 등은 모두 유전적 돌연변이나 인간향상의 결과로서 탄생한 슈퍼 히어로들이다. 이러한 분석은 현대인들이 생각하는 '유전자'의 의미와 가치의 관계망이 어느 정도의 영역에서 문화화되고 있는지를 말해준다.

이를 보다 더 분명하게 이해하기 위하여 '유전자'에 대한 일반적 문화 인식을 살펴보는 것도 좋겠다. 우리가 유전자 편집 기술의 윤리, 곧 '마땅히 우리가 우리 자신의 유전자에 대하여 행해야 할 바'

를 결정함에 있어서, 우리의 문화 속에 내재화된 '유전자'의 의미와 가치가 상당한 영향을 미칠 것이기 때문이다. 이는 앞에서도 잠시 언급했지만, 우리가 심사숙고하며 평가했던 모든 가치판단의 맥락에는 가치의 척도가 내포되어 있으며, 대개의 경우 이 가치의 척도는 우리가 속한 문화로부터 유래한 것이다. 그러므로 '유전자'에 대한 작금의 문화를 살펴본다는 것은 결국 말과 글, 이미지, 상징, 소리, 이야기, 느낌 등을 통해 소통되고 있는 '유전자'의 문화적 의미와 가치를 이해하는 데 있어서나 이 문제에 대한 우리의 편견과 욕망, 두려움, 윤리적 감수성, 삶의 의미와 사람됨에 대한 관념을 구체적으로 드러내기 위해서도 중요한 일이다.

인터넷 포털 사이트에서 '유전자'를 검색해보면 주로 어떤 내용들이 뜰까? 의학이나 과학적 사실들에 대한 내용들도 간간이 눈에 띄지만, 예쁘고 늘씬한 연예인들의 '우월한' 유전자에 관한 기사들이 특히나 눈에 띈다. '타고난 뷰티 유전자', '우월한 유전자', '미모 유전자'와 같은 말들이 일상적으로 사용되고 있으며, '우월한'이라는 단어는 '유전자'를 수식하는 단어로 매우 자주 등장하는 형용사이다. 이는 젊은 층에서 유행하는 케이팝 가수들의 가사를 살펴보아도 쉽게 알 수 있다. 버벌진트는 "아무래도 유전자의 배열이 살짝 다른 건가 봐"(희귀종)라고 노래하며, 제시는 "내가 내가 봐도 잘난 유전자"(쎈언니)라고 노래한다. '크로스진Cross Gene'이라는 보이그

룹은 아예 "우월한 여섯 유전자의 결합"이라는 표현을 공식적으로 보도자료에 사용하면서, 그룹의 멤버들 각각에게 우월한 유전자 형질을 부여하는 것을 그들의 정체성으로 삼고 있다.

이와 같은 대중문화가 문화 창조자의 주체적 행위보다는 수용자의 기호에 맞춰 제작되는 특성을 고려한다면, 소위 '우월한 유전자' 담론은 우리 사회의 기저에 숨어 있는 기본적인 욕망을 자극하는 기표로서 작용한다고 볼 수 있다. 물론 관련 학과의 전공자들에게는 다른 의미를 가지겠지만, 일반적인 한국의 젊은이들 사이에서 '유전자'라는 단어는 우생학적인 가치와 의미의 망 안에서 주로 사용되고 있는 것이다. 외모나 지적 능력이 뛰어난 사람들에 대하여 "유전자가 다르다"라고 하는 말은 상당히 일반화되어 있으며, 같은 부모 밑에서 난 형제자매들 중에서 특별히 잘 타고난 것으로 생각되는 경우 "유전자가 몰빵되었다"와 같은 비속어가 젊은이들 사이에서 유행하고 있다. 또한 사회학적 결정론인 '헬조선'이라는 개념과 상응하여 한국인을 비하하는 자조적 표현인 '헬조선 유전자론'도 유전자 결정론에 대한 대중적 의식의 반영으로 볼 수 있을 것이다. 이러한 문화적 현상들은 결국 '우월한' 유전자에 대한 선망을 반영하고 있다.

하지만 우리의 문화 속에는 우리의 '욕망'과 함께 이 문제에 대한 '두려움' 역시 반영되어 있다. 유전적으로 우월한 히어로들에 대한 선망의 이면에는 테크노 디스토피아적인 두려움의 표상들 또한 존재한다. 그 대표적인 예로 20세기 후반부터 쏟아져 나오고 있는 수많은 좀비물들을 들 수 있다. 좀비 시리즈로 유명한 조지 로메로 George Romero 감독의 〈살아 있는 시체들의 밤〉에서부터 근래에 제작된 〈워킹 데드〉나 〈월드워 Z〉, 〈28일 후〉, 〈나는 전설이다〉에 이르기까지 좀비물은 그 수를 셀 수 없을 정도로 많다. 이는 인간이 과학기술을 통해 욕망하는 테크노 유토피아의 이면에 있는, "자칫 우리의 인간성을 상실 당하게 되는 것은 아닌가?" 하는 테크노 디스토피아적인 두려움이 반영된 것으로 볼 수 있다. 누구나 쉽게 이용할 수 있는 유전자 편집 기술이 발달한 오늘, 독감 바이러스의 캡슐 안에 인체 유전자를 혼란시키는 유전자를 '유전자가위'와 함께 넣어서 광범위하게 유포시키는 '바이오 테러리스트'를 상상하는 것은 그리 어려운 일이 아닌 것이다.

지금까지 우리는 우리의 문화 안에서 '유전자'에 대한 욕망과 두려움이 어떤 방식으로 의미화되어 있는지를 살펴보았다. 우리가 이러한 사실을 분명하게 인식하고 애써 반성해보지 않는다면 "유전자를 편집한다"라는 인간의 행위에 대한 가치판단 역시 정확하게 이루어지지 못할 것이다. 다시 말해서, 우리가 더 나은 가치들에 대한 진정성 있는 추구를 지금 여기서 지속하지 않는다면, 결국 '생존의 가치'에 대한 추구 안에서만 우리의 모든 윤리적 판단을 수행하게 된다는 뜻이다. 안타깝게도 이는 워싱턴의 회담에 참여했던 관련 전문가 집단의 경우에도 크게 다르지 않았다. 그들 역시 유전자 편집 기술이 주는 '유익성'과 '위험성', 곧 '욕망'과 '두려움' 사이의 2차 함수에 따라 그들의 윤리적 판단을 수행하였기 때문이다.

이는 전인적인 가치에 대한 추구가 인간에게 얼마나 어려운 일인지를 보여준다. '윤리하는' 인간은 더 나은 가치와 문화초월적인 윤리적 판단의 기준을 향하여 우리를 쉴 틈 없이 밀어붙이지만 동시에 '욕망하는' 인간은 그가 가진 원초적인 두려움과 원하는 바로 말미암아 자신이 안주하고 있는 문화를 넘어선 영역을 향해 우리가 헌신하려는 것에 대하여 필사적으로 저항하기 때문이다. 유전자 편집의 문제에 있어서도 마찬가지이다. 관련 전문가 집단은 학술적이고 이론적인 개념들을 통하여 그것을 표현하고, 문화 일반의 경우에는 어떤 전문적 개념이 아니라 의미와 가치가 반영된 이미지와 이야기들, 감각적인 단어들을 통해서 그가 뜻하는 바를 드러낸다. 그러나 둘 모두 살고자 하는 인간의 기본적인 욕망이 지시하는 생존의 가치를 벗어나지 못한다는 점에 있어서는 동일하다.

그러면 이제부터는, 이러한 '욕망하는' 인간과 '윤리하는' 인간을 날카롭게 분리하여, 조금 더 전문적인 논의들을 살펴보도록 하

신의 기술, 크리스퍼 유전자가위

자. 특히 '인간향상'이라는 작은 주제를 통하여 그러한 인간 본성에 대하여 일반적으로 논하는 방식으로 글을 진행해나갈 것이다. 먼저 트랜스휴머니즘transhumanism[1]에서 보는 인간향상의 담론을 살펴본 후 이 문제에 대한 비판적 견해를 가진 마이클 샌델과 프랜시스 후쿠야마Francis Fukuyama의 저서를 살펴볼 것이다.

인간향상과 '욕망하는' 인간: 트랜스휴머니즘의 경우

인간향상이라는 표현은 주로 트랜스휴머니즘의 영역에서 등장하는 말이다. 생명공학기술이나 신경약리학, 분자나노기술, 정보기술 등의 발달로, 인간이 가진 유한성과 연약함, 의존성과 필요성들을 근본적으로 극복하기 위한 논의가 전방위적으로 일어나고 있다. 여기서는 이러한 운동을 뭉뚱그려 '트랜스휴머니즘'이라고 해보자.

전 세계적인 흥행을 이루었던 〈매트릭스〉나 〈아바타〉 같은 영화나, 〈트랜센던스〉, 〈이퀼리브리엄〉, 〈써로게이트〉, 〈루시〉와 같은 영화들을 보면, 인간이 과학기술을 통해 자신의 신체적·심리적 한계들을 극복하려는 시도들이 어떻게 문화의 영역 안에서 긍정 혹은 부정적으로 상상되고 있는지가 이미지와 내러티브 등을 통해 쉽게 드러난다. 믿음에 근거한 인간 의식의 수준만큼 무한대의 능력을 발휘할 수 있는 '매트릭스' 안에서의 삶을 다루고, 인간이 살 수 없는 혹독한 환경에서도 자신의 의식을 주입하여 활동할 수 있게 만든 '아바타'를 상상한다. 심지어 인간의 뇌를 컴퓨터에 통째로 업로드하기도 한다. 그에 반하여 인간의 감정을 제어하는 약물인 '프로지움'으로 유지되는 병적인 사회를 풍자하기도 하고, 위험 없는 안전한 삶을 위해 만들어진 인간의 대리 로봇 '써로게이트'에 얽힌 사건을 통해 늙고 병드는 연약함 속에 있는 참다운 인간성을 말하기도 한다. 그리고 합성약물을 통해 두뇌 활용치가 100퍼센트에 이른 인간이 과연 어떤 상태가 되는지를 상상해보기도 한다. 이런 맥락에서 우리가 다루고 있는 '유전자 편집 기술'이란 앞으로 이 기술의 적극적인 활용을 통해 인간의 신체가 가진 능력이나 감정 또는 인지기능 및 건강수명과 같은 기본적인 능력들을 개선하고 강화할 수 있는 인간향상 기술의 첨병이 될 것이라는 것을 쉽게 상상할 수 있다.

그러면 트랜스휴머니즘에 대해서 잠시 알아보자. 1998년 닉 보스트롬Nick Bostrom은 데이비드 피어스David Pearce와 함께 세계 트랜스휴머니스트 협회The World Transhumanist Association, WTA를 설립하였다. 트랜스휴머니즘에 대한 학술 논문을 지속적으로 발표하고 일종의 철학적 대변인 역할을 하고 있는 보스트롬은, 트랜스휴머니즘이 지향하는 '인간 너머의 인간' 곧 포스트휴먼에 대하여, 사람이라면 누구나 원할 법한 세 가지 능력을 나열한다. 그러면서 최소한 그중에서 하나 이상의 능력에서 현재의 인간이 도달할 수 있는 최대치의 한계를 뛰어넘을 경우 포스트휴먼으로 부르자고 제안하였다. 그가 나열한 세 가지 능력이란 다음과 같다.

첫째는 '건강수명'으로 노화가 진행됨에도 불구하고 신체적으로나 정신적으로 온전하고 건강하며 능동적이고 생산적인 상태로 남아 있을 수 있는 능력을 말한다. 둘째는 '인지능력'으로 주의집중력과 기억력, 지성적으로 추론하고 합리적으로 판단하는 능력, 책임을 지고 선택하는 능력을 의미한다. 이러한 일반적인 인지능력은 물론 수학, 음악, 윤리, 종교 등 특정 영역을 이해하는 능력에 있어서 기존의 인간성으로는 도달할 수 없는 탁월함을 말한다. 셋째는 '감정능력'으로 자신의 심리 상태를 자유롭게 조절하고 미움이나 두려움과 같은 부정적인 감정을 조율하며 기쁨과 즐거움, 사랑, 미적 감수성과 평정 등의 태도를 자율적으로 유지하여 삶을 즐기고 다양한 상황이나 이웃들과의 만남에서 적절하게 반응하는 능력을 말한다. 이렇게 우리가 어린 시절에 누구나 상상해봤음 직한 초인적인 능력들로의 '실제적인' 변화를 긍정하고 지지하는 운동이 바로 트랜스휴머니즘이며, 실제로 그러한 인간이 이 땅에 나타난 경우 포스트휴먼으로 부르자는 것이다.

그러므로 트랜스휴머니스트들은 인간이라는 종이 과학기술의 도움을 통해서 유전자 정보의 후진성이나 우연적인 진화 과정의 메커니즘에서 이제는 벗어나야 하며, 인간의 잠재력을 최대한으로 향상시키고 우리의 생리적·심리적 한계를 넘어서야 하는 때가 왔다고 주장한다. 과거에 인류라는 종은 자신의 자연적 본성을 뒤바꿀 수 있을 만한 과학기술이 없었기 때문에 그 방법에 있어서 한계를 가지고 있었다. 하지만 이제는 스스로의 유전정보를 진보시킬 수 있는 새로운 진화의 단계에 접어들었다는 것이다. 따라서 우리가 가진 자유와 권리의 행사를 통해 지능을 강화하고 감정의 조율 능력을 향상시킬 수 있는 기술적 수단을 적극적으로 활용해나가야 한다고 주장한다.

이러한 그들의 생각은 세계 트랜스휴머니스트 협회의 선언문을 보면 더욱 구체적으로 드러난다. 이 선언문에서 그들은 과학기술의 활용을 통한 인간향상을 적극적으로 선호하면서도 그로 인한 기회와 위험 모두를 진지하게 고려하고자 하며, 인간의 잠재성을 조금씩 확장시키기 위하여 기술의 오용과 위험을 최대한으로 줄이고 그 유익성을 촉진할 수 있는 대화의 장과 제도의 필요성을 역설한다. 또한 인간의 자율성과 도덕적 권리를 존중하면서 모든 동시대인들과 미래 세대들을 위한 도덕적 책임을 중시하고 전 지구적인 연대의식을 고취시키고자 한다. 물론 트랜스휴머니즘은 어떤 한두 사람의 생각을 말하는 것이 아니라 다양한 집단의 목소리를 대변하는 매우 복합적인 성격을 띤 운동이다. 그럼에도 불구하고 그들이 공유하는 것은 미래에 실현될 인간의 잠재적인 가치를 인정하고, 그러한 목적을 위한 수단으로서 과학기술의 미래를 옹호하며, 인간향상에 대한 개개인의 가치관이나 자율성 및 권리 등을 중요시한다는 것이다.

이제 또 하나 우리가 주목해야 할 것은 줄리언 사불레스쿠Julian Savulescu 같은 일군의 생명윤리학자가 주장하는 '도덕적 향상moral enhancement'이다. 이쯤 되면 인간향상을 '욕망하는' 인간은 더 이상 욕망의 주체가 아닌 것처럼 보이기도 한다. 그의 핵심적인 주장은 이기적이고 근시안적인 인간의 도덕적 능력의 한계로 발생하는 수많은 문제들을 해결하기 위하여 유전공학이나 약물치료 등을 통한 도덕적 향상이 필요하다는 것이다. 특히 과학기술이 발전할수록 인간의 힘도 증가하고 다른 생명들에게 해악을 끼칠 수 있는 능력 또한 증가하기 때문에, 현생 인류가 공유하고 있는 도덕적 능력으로는 이러한 급박한 문제를 해결하기 힘들다는 것을 자신의 주장에 대한 타당성의 근거로 제시한다.

사불레스쿠가 생각하는 현생 인류의 도덕적 능력의 한계란 무엇인가? 그것은 무엇보다도 부정적 직관에 의존하는 도덕적 판단 능력을 말한다. 대부분의 경우, 인간은 "남을 이롭게 하라"라는 적극적인 요청보다는 "남을 해롭게 하지 말라"라는 부정적인 상황에서 비롯된 도덕적 기준에 직관적으로 더 많은 도덕적 책임감을 느낀다는 것이다. 이는 한스 큉Hans Küng을 비롯하여 세계윤리Global Ethic●를 고민했던 학자들이 모인 자리에서 모든 종교나 문화 속에 있는 공통적인 윤리 요소를 찾고자 했을 때『논어』의 "기소불욕물시어인己所不欲勿施於人", 곧 "자기가 하기 싫은 일을 남에게도 하게 해서는 안 된다"라는 구절이 꼽힌 것과도 같은 맥락이다.

사불레스쿠는 이에 더하여 인간은 '위험에 대한 두려움의 감정'이 '희망에 대한 긍정적인 감정'보다 비대칭적으로 크며, 도덕적 감정을 느끼는 범위가 너무 근시안적이라는 사실도 지적한다. 어떤 사안에 대한 윤리적 선택의 경우에도 마찬가지이지만 유전자 편집 기술을 사용함에 있어서도 그것을 통해서 얻는 현세대의 유익은 언제나 최대한으로 강조되고 미래 세대의 위험은 윤리적 선언에서 그치므로 실제적으로는 무시되고 만다는 것이다. 사불레스쿠는 그런 인간의 경향성 자체가 우리의 도덕적 능력의 맹점으로 존재하며, 그렇기 때문에 과학기술을 통한 인간의 도덕적 향상이 반드시 필요하다는 것을 역설한다.

● 세계윤리란 종교인과 비종교인을 막론하고 세계의 모든 사람들에게 공통적으로 적용될 수 있는 일치된 윤리를 찾으려는 시도를 말한다.

혹자는 사불레스쿠의 이러한 생각에 반감을 표할지도 모르겠다. 그리고 그 반감은 아마도 '도덕적'이라는 말에 대한 관점의 차이에서 비롯된 것일지도 모르겠다. 그것을 달성하려는 사불레스쿠의 방법적 시도가 우리가 생각하는 도덕의 본래적 의미와 모순되기 때문이다. '인격'은 결과적 가치이기 이전에 과정적 가치로서 생각되기 때문이다. 그러나 사불레스쿠는 전통적으로 '교육'이라는 방법을 통해 이루어진 도덕적 향상의 혜택은 너무나 제한적이었고, 현시대에 우리가 처한 위기는 매우 심각하고 급박하기 때문에 전통적인 방법으로는 이러한 위기에 즉각적으로 대처할 수 없다고 주장한다. 그러므로 과학기술이나 약물 등을 통한 도덕적 향상 기술을 무조건 반대하기보다는 적어도 그 가능성에 대한 광범위한 연구를 시작해야 한다는 것이다.

이제 어쩌면 혹자는 사불레스쿠의 발상에 어느 정도 동의하게 되었는지도 모르겠다. 그가 말하고자 하는 바가 우리가 '원하는 바'와 실제로는 크게 다르지 않기 때문이다. 누가 더 선하게 되고 싶지 않으며, 이 사회와 자연이 올바른 방향으로 나아가는 것을 원하지 않을까? 그리고 누가 더 지성적이 되고 건강하게 살아가며 삶을 관조할 만한 평정의 상태가 되는 것을 원하지 않겠느냐는 말이다. 그러므로 만약 유전자 편집 기술이 보스트롬이 말한 우리의 건강수명, 인지능력, 감정능력 등을 향상시켜주면서도 그 기술적인 위험성이 최소한으로 줄어들게 된다면, 트랜스휴머니스트 선언에서처럼 자율성과 도덕적 권리에 대한 존중과 현세와 미래의 지구촌 사람들의 연대의식 안에서 책임감 있게 이루어질 수 있다면, 또한 인간의 도덕적 한계들을 극복하고 세상을 정말 선한 곳으로 만들어갈 수 있다면 그것을 바라지 않을 사람은 아무도 없을 것이다.

하지만 더욱 근본적인 문제가 이 시점에서 제기되어야 한다. "그러한 우리의 소망을 삶의 과정을 통해서가 아니라 과학기술을 통해 해결하는 것이 과연 좋고 또 옳은 일인가?" 다시 말해서, "인간의 삶의 목적을 욕망의 즉각적 실현이라는 결과적 가치에 두는 그러한 발상이 그들이 말한 인간의 잠재성의 발현과 도덕적 향상에 오히려 모순되는 것은 아닌가?" 하는 것이다. 이를 우리의 언어로 바꾸자면, '욕망하는' 인간과 '윤리하는' 인간의 근본적 모순성이라고 풀어낼 수 있을 것이다.

이제 트랜스휴머니즘을 통한 '욕망' 논의에 이어서 인간향상에 대해 비판적인 두 사상가의 저서에 나타난 논지의 대략을 살펴보자. 우선 마이클 샌델이 '완벽함perfection'에 대한 인간의 추구에 대하여 비판적 논지에서 전개한 저서의 내용을 살핀 후, 프랜시스 후쿠야마의 포스트휴먼에 대한 논의를 일별하고자 한다.[2]

인간향상과 '윤리하는' 인간:
마이클 샌델과 프랜시스 후쿠야마의 경우

바로 앞에서도 과학기술의 '좋음'과 '옳음'에 대해 질문하였지만 '윤리함'에 있어서 이 문제는 첨예한 문제 중의 하나이다. 존 롤스John Rawls가 개인의 자유와 권리, 정의의 문제에 있어서 '중립적인 인간'을 전제하면서 "옳고 그름은 객관적으로 따져보면 중립적일 수 있다"라고 주장했다면, 샌델은 서로 간에 다를 수 있는 좋음과 싫음의 특수성을 통해 성립된 공동체 안에서, 타 공동체와 함께 너도 좋고 나도 좋을 수 있는 보편성을 향해 조금씩 나아가자는 입장에 서 있다. 다시 말해서, 샌델은 어떤 중립적인 윤리적 판단을 하고자 하는 것이 아니라 나와 너의 좋음 안에서 우리의 옳음을 함께 찾아나가는 길을 선택했다.

그러므로 샌델은 인간향상 문제의 옳고 그름에서 그의 논의를 시작하지 않는다. 사람들이 인간 배아의 유전적 향상과 같은 문제에 대하여 자율성이나 공정성을 이유로 합리화를 시도함에도 불구하고 여전히 남아 있는 '주저하는 마음'에서부터 그의 논의를 시작한다. 그에 의하면 그것은 아직 '인간 본성의 도덕적 지위'나 '주어진 세계에서의 인간의 적절한 지위'와 같은 인생의 근본적인 의문들이 풀리지 못했기 때문이다. 말하자면, '사람됨'이나 '삶의 의미'

와 같은 근원적인 질문들 앞에서, 생존의 가치만으로 충족되지 못하는 '잉여의 영역'으로 인하여, 우리가 섣불리 판단하고 결단할 수 없다는 것이다. 그러므로 근육이나 기억을 향상하는 것과 같은 인간향상에 대한 다양한 견해의 차이가 있지만, 샌델이 생각하는 더욱 근본적인 문제는 그 기술 자체에 있는 것이 아니다. 바로 그 기술이 지향하는 목적에 있다. 그러므로 샌델은 우리가 "그 기술을 사용할 것인가? 사용한다면 어디에 적용할 것인가?" 하는 질문보다는, "무엇을 위하여 그러한 기술을 우리 자신에게 적용하는가?", "이제 우리는 그러한 세상에서 정말로 살기를 원하는가?"를 질문해야 한다고 말한다.

이를 위해 샌델은 인간향상에 대한 우리의 욕망을 다시 살핀다. 그리고 그는 우리가 과학기술을 통하여 추구하려는 바가 이미 우리의 일상 속에서 욕망하고 있었던 것들임을 밝힌다. 이미 부모들은 아이를 위한다는 명목으로 일찌감치 성형수술을 시켜주고 있고, 학교를 마친 후에도 하루 종일 학원들을 쫓아다니게 만들며, 과외 선생님이 오기 전 집중력을 높이기 위한 약도 먹이고 있기 때문이다. 그러나 샌델은 이러한 행위의 목적은 '정복과 지배를 향한 지나친 불안'에서 오는 것이며, "능력을 개선하고 본성을 완벽하게 하라"라는 경쟁 사회의 요구에 순응하기 위한 노력으로서, 진정한 의미에서의 인간의 자유에 반하는 것으로 생각한다.

물론 "부모가 아이의 행복과 건강을 위해, 미래의 성공적인 삶을 위한 잠재력을 극대화해줄 책임이 있다"라고 주장하는 사람들도 있을 것이다. 하지만 샌델이 보기에 이는 '좋은 인격'과 마찬가지로 그 자체로 독특한 인간의 선으로 여겨져야 마땅한 '탁월함', '지성', '건강'과 같은 가치들이 공리주의적인 간섭으로 인하여 행복과 복지를 최대화하기 위한 수단으로 전락한 것으로 여겨진다. 샌델의 생각에 부모의 사랑에서 비롯한 '부모다움'은 어떤 조건에 대한 사랑이 아니라 '선물로 주어진 생명에 대한 감사'로 이해되며, 인간향상에 대한 우리의 가슴 깊은 반감의 근원은 바로 그 기술이 지향하는 '완벽함의 추구'에 있다는 것이다. 물론 그렇다고 해서 그가 아무 것도 하지 말라고 말하는 것은 아니다. 치아 교정이나 라식수술이나 키 작은 아이의 성장 호르몬 주입과 같이, 비록 '치료'와 '향상'의 경계가 모호한 경우가 많지만, 그럼에도 불구하고 그것을 구분하는 것 자체가 중요하다는 논지이다.

이와 같은 샌델의 논지, 곧 '완벽함에 대한 인간의 추구'에 대한 윤리적 비판은 유전자 편집 기술의 우생학적 취약성에 대한 우리의 관심에도 그대로 적용될 수 있다. 우생학이라는 말은 다윈의 사촌인 프랜시스 골턴Francis Galton이 만들었는데, 골턴의 생각을 엿보면 인간향상에 대한 논리가 그때나 지금이나 그리 다르지 않다는 것을 알게 된다. 다음과 같은 골턴의 말은 닉 보스트롬의 말과도 그리 다르지 않음을 알 수 있다. "자연이 맹목적으로 천천히 그리고 경솔하게 하는 일을, 우리 인간이 계획적으로 신속하게 그리고 사려 깊게 할 수 있다. … 우리 무리를 개선하는 것은 사람이 이성적으로 시도할 수 있는 일 가운데 최고의 과제라고 생각한다."

이러한 골턴의 생각은 한 세기를 휩쓴 후 나치의 우생학에 대한 충격으로 다소 잠잠해진 것 같지만, 오늘날 시장과 자유라는 가치를 통해 새롭게 부활할 조짐을 보이고 있다. 특히 자유주의 우생학의 문제가 인간향상의 욕망 속에서 새롭게 나타날 수 있다. 부모가 자기 아이의 자율성을 제한하지 않는 선에서의 유전적 향상을 주장한다면 제3자로서 그에 관해 간섭하기는 힘든 일이 될 것이다. 니콜라스 아거Nicholas Agar의 주장처럼, "구식의 권위적 우생학은 중앙권력이 디자인한 하나의 틀로 시민들을 생산하려고 하였지만 새로운 우생학의 특징적 표지는 국가 중립성"에 있다고 주장할 수 있기 때문이다. 부모가 아이의 인생 계획을 바꾸지 않는 선에서, 아이의 능력을 개선할 수 있는 소질에 대해서만 디자인을 하자는 주장은 매우 솔깃하게 들린다. 그래서 유전학 운동의 부담과 이익만 공정하게 나눌 수 있다면, 우생학적 조치가 오히려 도덕적으로 요구될 수 있다는 주장도 나올 수 있다. 이러한 관점에서 볼 때 로널드 드워킨Ronald Dworkin의 다음과 같은 말은 더욱 솔깃하다. "미래 세대가 더 오래 살고 재능과 성취가 풍부한 사람으로 살 수 있게 한다는 야망은 그른 것이 없다. 신이나 자연이 오랜 세월에 걸쳐 맹목적으로 만들어온 것을 우리가 이제 하는 것이다."

그러나 샌델은 결국 유전적 향상이 경쟁적 시장 체제 속에서 하나의 당위가 되고 의무가 될 가능성이 높을 것으로 예상한다. 이는 비의료적 향상을 위한 배아 선택이나 유전자 조작 일체를 반대했던 하버마스Jürgen Habermas도 마찬가지였다. 그러한 행동들이 오히려 자율과 평등의 자유주의적 원칙들을 위반하는 일이 된다는 것이다. 유전적으로 프로그래밍된 인격은 '자기 인생 여정의 단독 저자'로 볼 수 없으며, 세대에 걸쳐 '자유롭고 평등한 개인들 본연의 대칭적 관계'를 파괴함으로써 자유주의적 평등 원칙 또한 훼손한다는 것이다. 부모가 아이의 유전자를 디자인하는 순간, 부모는 아이의 인생에 있어서 더 이상의 상호성을 담보할 수 없는 '무한한 책임'을 불가피하게 떠안게 되며, 이는 사람이 감당할 수 있는 부모로서의 책임을 크게 넘어서는 것이라고 하버마스는 생각한다. 물론 하버마스에 대한 반론도 제기된다. "디자인된 아이들이라고 해도 자연적으로 태어나는 아이보다 자신의 유전적 소질에 덜 자율적인 것은 아니며, 유전적 조작이 없다고 해서 자신의 유전적 항목을 고를 수 있는 사람은 없다"라는 것이다. 또한 아이가 3세 때부터 끊임없이 피아노를 치도록 강요하는 부모도 아이의 인생에 일종의 통제력을 행사하고 있으므로 딱히 이를 비난할 이유가 없다는 것이다.

이에 샌델은 이 문제의 핵심을 '세계에 대한 자세의 문제'로 요약하면서 다시 원론으로 돌아간다. "그것이 정복과 지배의 자세인가? 겸손과 감사의 자세인가?" 샌델의 생각에, 인간은 자신의 기원이 사람의 손이 닿지 않는 데 있다고 생각할 수 있어야만 "자유롭다"라는 생각을 할 수 있으며, 자유는 "무엇이든지 마음대로 할 수 있는" 상태가 아니라 오히려 그것의 반대 개념과 긴밀히 연합될 때만 의미 있는 개념이라는 것이다. 대표적인 자유사상가들도 모두 그와 같이 생각했다. 하버마스는 '우연성'과 '자유' 사이에는 매우 긴밀한 관계가 있으며, 존재의 시작을 사람이 조작하거나 통제할 수 없다는 사실에 동등한 도덕적 존재로서의 인간의 자유가 달려 있다고 생각했다. 존 로크는 우리의 생명과 자유는 양도할 수 없는 권리이자 우리 마음대로 할 수 있는 것이 아니라고 보았으며, 칸트 Immanuel Kant도 우리가 도덕법칙*을 제정하기는 했지만 우리 자신을 착취할 자유는 없다고 생각했다.

이러한 자유에 관한 생각에 기초해 샌델은 사람들이 유전적 향상에 익숙해지면 '겸손'을 바탕으로 한 사회적 기초가 약해지고, 겸손이 물러남에 따라 인간이 짊어져야 할 '책임'의 영역이 극대화되며, 우연에 대한 불안으로 말미암는 사람들 사이의 '연대'가 점차 사라져갈 것으로 예측한다. 나의 재능이 선물로 받은 것이 아니라 '당연한 그러함'이 되고, '태어남'이 주는 존재 자체에 대한 무책임

* 칸트에게 있어서 도덕법칙은 이성적 존재자의 도덕적 행위를 판정하는 선험적 원리를 말한다.

성이 인간의 전적인 책임성으로 전환되며, 필연성의 영역이 확대될수록 위험성에 대한 고통의 분담을 회피할 수 있는 영역이 늘어날 것이기 때문이다.

물론 샌델은 인간향상에 대한 주장들, 곧 주어진 것에 의해 제한받지 않는 인간의 자유에 대한 비전들이 얼마나 우리를 사로잡으며 심지어 도취시키는 면이 있는지를 잘 알고 있다. 그러나 샌델은 그러한 자유의 비전에는 중대한 결함이 있다고 생각한다. 그러한 자유는 우리가 자신의 삶을 선물로 인식하는 것을 몰아내고, 인간이 자신의 의지를 벗어난 문제들에 대하여 있는 그대로 바라보고 긍정할 여지를 전혀 남겨두지 않는 위압적 기세를 드러내기 때문이다. 샌델은 정복과 통제의 가치가 우연과 경외의 가치를 이런 식으로 눌러서는 안 된다고 생각한다.

이제 프랜시스 후쿠야마의 논의로 넘어가자. 마이클 샌델이 인간의 삶의 태도의 문제에 깊이 천착했다면, 후쿠야마는 인간의 자연적 본성 안에 있는 존엄성을 주장의 핵심 테제로 제시하였다.

후쿠야마는 인간 유전체 프로젝트가 마무리된 이듬해에 포스트휴먼에 대한 우려가 담긴 『Human Future - 부자의 유전자 가난한 자의 유전자』라는 책을 탈고한 바 있다. 그로부터 10여 년 전 『역사의 종말』이라는 책으로 세계적 학자의 반열에 선 그가 생명공학 혁명에 대하여 과연 무슨 말을 하고 싶었던 것이었을까? 책의 차례를 보면 전체적으로 세 부분으로 나누어진다. 1부에서는 생명공학을 포함한 각종 과학기술에 대해 서술했고, 2부에서는 인간 존재의 의미를, 3부에시는 정책과 규제의 문제를 다루었다. 이 책에서 후쿠야마가 인간향상에 관해 피력한 핵심적인 주장을 한마디로 요약하면 다음과 같다. "생명공학은 인간의 존엄성과 자연권의 기반인 인간 본성 자체를 변경시킬 수 있으므로 국제적인 공조를 통해 합리적인 규제안을 마련하여 속히 시행해야 한다." 그는 왜 이러한 결론에 이르렀을까? 이것은 결국 다음과 같은 문제로 귀결된다. "인간은 어떤 존재인가?"

『멋진 신세계』를 쓴 헉슬리Aldous Huxley나 『사랑의 풍유』로 유명한 C. S. 루이스Clive Staples Lewis는 우리가 '인간의 의미'를 이해할 수 있는 주된 단서로 '종교'와 '인간 본성 자체'를 제시하였다. 만약 우리가 종교의 역할을 고려하지 않는다면 무엇이 옳고 그른지, 정당하고 정당하지 않은지, 중요하고 중요하지 않은지에 대한 최종적 판단은, 가치의 근거로서 인간 본성이 얼마나 중요한지에 대한 우리자신의 견해에 의존한다고 그들은 생각했다. 후쿠야마도 이들의 견해를 따른다. 인간 본성은 엄연히 존재하는 의미 있는 개념으로서, 하나의 종인 인간의 경험에 안정적인 연속성을 제공해왔으며, 종교와 더불어 우리의 가장 기본적인 가치를 규정한다고 보았다. 아리스토텔레스 역시 옳고 그름에 대한 인간의 관념은 궁극적으로 인간의 본성에 바탕한다고 보았다. 자연적 욕구나 목적, 특성, 행동들이 어떻게 전체로서 하나의 인간을 구성하는지를 알지 못한다면, 우리가 인간의 궁극적인 목적도 이해할 수 없고, 옳고 그름, 선과 악, 정의와 불의를 진정으로 구별할 수 없다고 그는 생각하였다. 비록 공리주의가 인간의 궁극적 목적을 '고통의 경감'이나 '효용의 극대화'와 같은 단순한 공통분모로 축소시키고자 하였지만, 아리스토텔레스는 자연적인 인간의 목적에 내포된 다양함과 위대함의 복잡하고 미묘한 측면을 그 자체로 인정하고자 하였던 것이다. 이에 후쿠야마는 인간은 본질적으로 '문화적 동물'로서 문화적 자기수정을 수행하는 가변적 존재이기도 하지만, 현대의 포스트모던 사상가들이 주장하듯이 무한정 가변적이지는 않으며 '하나의 전체로서의 인간성'을 유지하는 끈질긴 자연적 본성이 있다고 생각한다.

이와 같은 후쿠야마의 생각은 유전자 편집 기술의 문제에 대하여 어떤 편중된 가치나 사람됨에 대한 일면적인 이해를 통하여 그들의 윤리적 판단을 수행하고자 하는 모든 이들에게 경종을 울린다. 특히 인간에 대한 편협한 자기이해는 다양한 가치들에 대한 존중과 독자적 영역을 인정하는 건강한 가치분화를 저해하고 생존의 가치만이 강조되는 악순환을 초래한다. 결국 그러한 사회 풍토 속에서는 우리가 원하든 원하지 않든 유전자 편집 기술이 우생학적인 욕망에 의해 이끌려 갈 수밖에 없는 것이다.

한편 후쿠야마에 의하면, 이러한 우생학적 시도에 반대하는 입장은 크게 두 영역에서 제기되고 있다. 첫째는 종교의 영역에서 제기되는데, 종교는 기실 이에 반대하는 가장 명백한 근거들을 제공해왔다. 비록 역사적으로 볼 때 그들이 항상 자신들의 교리에 근거하여 올바른 실천을 했다고 말할 수는 없겠지만, 예컨대 "인간은 신의 형상으로서의 존엄성을 가진다"라는 기독교 교의는 사회적 지위에 상관없이 모든 인간이 동등한 존엄성을 가진다는 생각에 강력한 근거를 제공해왔다. 이러한 종교적 확신이 그것을 받아들이지 않는 현대의 많은 이들에게 설득력을 잃고 있다고는 하지만, 윤리적 문제에 대한 비종교인들의 견해 역시 종교적 신념을 갖는 것만큼이나 비이성적인 믿음의 문제라는 사실을 후쿠야마는 지적한다.

우생학적 인간향상에 반대하는 두 번째 논거는 공리주의에서도 제기될 수 있다. 후쿠야마는 공리주의적 접근이 우생학의 여파를 더욱 가시적으로 파악할 수 있는 장점을 지녔다고 생각한다. 예컨대 부모는 일시적인 유행이나 문화적 편견, 정치적 공정에 의해 지배될 수 있으며, 자녀의 최선의 이익에 대하여 잘못된 결정을 하기 쉽고, 단순히 그들의 야망과 이데올로기적 가정에 근거하여 잘못 판단할 가능성이 크다는 것이다. 사회적 차원에서 보아도, 생명 공학을 시장 논리에 전적으로 맡기는 것은 경쟁적 제로섬 게임이 되어 전체적인 행복과 복지를 후퇴하게 만들고 개개인에게 큰 부담으로 다가올 것이다. 또한 환경과 생태의 차원은 인간이 좀처럼 이해하기 힘든 복잡성 속에서 상호작용하는 완전한 통일체이므로 인과관계적 개입을 통해 쉽게 향상시킬 수 없는 것이다. 후쿠야마는 이것이 인간의 본성에 있어서도 마찬가지라고 생각한다. 인간의 특성들에 있어서 나쁜 것과 좋은 것은 언제나 서로 얽혀 있다는 것이다. 또한 자유 시장 역시 그 자체로 문제가 있으며 대체로 원활하게 작동하지만 정부의 개입을 필요로 하는 시장의 실패 또한 존재하며, 외부로부터의 부정적 효과는 시장 안에서 스스로 대처하지 못한다는 위험성을 안고 있다고 말한다.

하지만 후쿠야마는 이와 같은 공리주의적 논거가 사람들이 반대하거나 찬성하기는 쉽지만, 손익계산서에 올려지는 것들이 모두 상대적으로 계량 가능한 단순한 대상들이라는 한계가 있음을 지적한다. 예컨대, 사람들이 도덕적으로 나쁘다고 믿는 것은 반드시 그것으로부터 발생될지 모르는 효용가치를 고려해서 결정하는 것이 아니며, 공리주의에서 '도덕적 명령'은 다른 종류의 기호들 중의 하나로만 간주되므로 이를 제대로 다룰 수가 없다는 것이다. 후쿠야마는 우리가 생명공학을 두려워하는 것도 결코 효용성만의 문제가 아니며, 우리의 인간성을 잃어버리게 될지도 모른다는 두려움에 있다고 생각한다. 물론 현대의 많은 철학자들에 의해서 인간 본성은 존재하지 않으며 혹시 존재하더라도 옳고 그름의 규칙은 인간의 본성과는 아무런 관련이 없다고 주장되었다. 또한 '자연권' 역시 사람들의 관심 밖으로 밀려나 자연법칙에 기반을 두지 않는 인간 고유의 '인권' 개념으로 대체되었다. 하지만 후쿠야마는 인간 본성은 우리에게 '도덕감'을 부여하고, 사회에서 살아가는 사회적 기술을 제공하며, 권리나 정의 및 도덕과 같은 좀 더 복잡한 철학적 원칙에 대한 근거가 되기 때문에 이러한 생각으로부터 멀어지는 것은 중대한 실수라고 주장한다. 그러나 여기서 어려운 지점은 인간이 가지고 있는 수많은 속성들이 동물들과도 공유되는 것들이 대부분이라면, 단지 인간이기 때문에 가지는 존엄성은 어디로부터 오는 것인지를 밝히는 일이다.

후쿠야마 역시 '인간의 존엄성'에 대하여 명확하게 정의하거나 설명하기는 힘들다고 말한다. 하지만 정치학적인 관점에서 볼 때 모든 인간은 타인으로부터 개인의 가치를 존중받고 자신의 존엄성을 인정받고 싶은 욕망이 있다. 단지 인간이라는 이유 하나만으로 동등한 인정과 존중을 요구하는 것은 현대성을 상징하는 가장 지배적인 욕망이 되었다. 후쿠야마는 이러한 평등에 대한 인간의 요구에는 모든 부수적이고 우연적인 특성들을 제외하고도 그 아래에 남아 있는 '최소한의 존중받을 가치가 있는 인간의 본질'이 있다고 보았는데, 그는 이것을 '요소 X'(이하 X)라고 명명한다. 피부색, 생김새, 인종, 사회적 계층, 재산, 성별, 문화적 배경, 타고난 재능 등 태어날 때부터 갖게 되는 수많은 비본질적인 특성들이 아니라 인간은 X에 의해 존엄성을 부여받는다는 것이다. 후쿠야마는 인간의 역사에서 가장 치열한 문제 중의 하나가 어느 집단에 이 X를 부여하는가에 있었다고 생각한다.

그러면 X는 어디에서 오는 것일까? 기독교인에게 있어서 그것은 신으로부터 오는 것이지만, 세속적 근거를 찾는 가장 유명한 시도는 칸트에게 있었다. 칸트는 도덕적 선택을 할 수 있는 인간의 능력에 X가 달려 있으며, "자유의지야말로 인간이 항상 목적 그 자체이며 결코 수단으로 대우받을 수 없는 이유"라는 유명한 결론에 이르렀다. 물론 유물론적 세계관을 가진 사람은 칸트의 주장 자체를 받아들이기 어려울 것이며, 인간의 본질과 같은 것이 존재한다는 관념 자체가 지난 150년 동안 맹렬한 공격을 받아왔다. 다윈주의 역시 어떤 종이 하나의 본질을 가지는 것이 아니라 환경과의 상호작용을 통해 전형적인 행동을 나타내는 것이며 종의 본질은 환경에 따라 변화되는 우연적인 것으로 보았다. 그러므로 인간의 본성 역시 "역사적으로 우발적으로 규정되는 것이므로 도덕이나 가치의 기준이 되는 특수한 지위를 갖고 있지 않다"라고 주장될 수 있는 것이다.

하지만 모든 인간을 결합하는 요소 또는 인간의 본질이 존재한다는 생각을 우리가 포기할 때 '보편적 인간의 평등'이라는 관념은 어떤 영향을 받게 될 것인가? 인간의 평등은 인간의 본질에 대해 비판하는 사람들도 똑같이 헌신하는 개념이지만, '인간'이라는 공통적 근거기 없다면 평등해야 할 이유를 찾을 수 없지 않을까? 하지만 그러한 근거를 쉽사리 찾아낼 수 없음에도 불구하고 "인간은 누구나 존엄하다"라는 사상이 지속되는 이유는 무엇일까? 그것은 습관의 힘일 수도 있고, 역사의 산물일 수도 있고, 막스 베버Max Weber가 말했듯 "우리를 쫓아다니는 사멸한 종교적 믿음의 망령" 때문인지도 모른다. 하지만 후쿠야마는 그것이 인간의 자연적 본성에서 기인한다고 일관되게 주장한다. 도덕 자체는 인간의 본성 자체에서 기인하는 것으로, 문화가 인간 본성에 부여하는 어떤 것이 아니라는 것이다. 그러므로 그는 인간의 이러한 본성 자체를 바꿔버릴 수도 있는 생명공학의 미래를 우려의 눈으로 바라보았던 것이다.

한편 후쿠야마는 오늘날 환원주의적인 방법을 통해 "어떻게 인간이 인간이라는 존재가 되는가"라는 문제의 비밀을 풀었다고 믿는 사람들을 경계한다. 그것은 인간의 어떤 한 부분에 관한 것이며, 인간이라는 전체는 부분의 합만으로는 설명될 수 없다고 생각하기 때문이다. 그러면서 그는 환원주의적 유물론 모델로 설명할 수 없는 가장 두드러진 현상으로 인간의 의식을 제시한다. 유전정보상으로 침팬지는 인간과 98퍼센트의 유사성을 공유한다. 하지만 어떠한 동물의 의식도 인간이 정치, 예술, 종교를 만드는 것처럼, 인간의 이성, 언어, 도덕적 선택, 감정 등의 총체적 결합에 이르지는 못한다. 그러므로 X가 무엇인지에 대하여 우리가 어떤 특성으로 환원하기는 힘들며 수많은 특성들이 '인간이라는 전체' 안에서 존재하며 X를 구성한다고 후쿠야마는 생각한다. 그리고 이것은 그가 인간의 자기향상에 반대하여 "오랜 진화의 과정을 거친 복잡한 인간의 특성 전체를 보호해야 한다"라고 주장하는 근거가 된다. 우리는 인간 본성의 전체성과 연속성을, 그리고 그것을 기초로 하는 인권을 훼손하지 말아야 하며, 복잡하고 다양한 본질적 목적을 몇 가지 범주에 국한시키려는 공리주의적 시도를 거부해야 한다고 후쿠야마는 결론짓는다.

사랑은 욕망과 윤리의 변증법을 완성한다

지금까지 우리는 '욕망'과 '윤리'라는 양극 사이에서 이쪽과 저쪽의 입장에 모두 귀를 기울이고, 이를 통해 왜 유전자 편집 기술이 약속하는 인간향상과 같은 우생학적 유혹에 우리가 취약할 수밖에 없는지에 대한 단서를 찾고자 하였다. 물론 '유혹'이라는 말 자체가 어쩌면 욕망의 편에서 볼 때 불공정한 어감으로 다가올지도 모르겠다. 하지만 그에 대해서는 크게 염려하지 않아도 좋을 것 같다. 우리가 윤리적으로 사유하고 그렇게 하기로 선택하고 또 이따금씩 그렇게 행할 수는 있지만, 실제로는 아무도 그것을 그의 존재로서 성취하고 있지는 않기 때문이다. 선한 행위는 있을지언정 선한 사람이란 없는 법이다. 그러므로 인간에게 있어서 윤리적 존재가 되고자 하는 열망 또한 매우 "유혹적"인 것이다. 하지만 이렇게 말하면 윤리의 측면에서 불편한 감정을 토로할지도 모르겠다. 그러나 '욕망'과 '윤리'의 2차 함수 안에서의 '당위'는 그것을 행하는 자에게는 교만을, 그것을 행하지 못하는 자에게는 죄의식과 죄책감을 유발하는 묘한 것임을 우리는 알고 있다.

정신분석학의 창시자인 프로이트Sigmund Freud나 그의 논의를 확장하여 인간의 심리사회적 발달을 연구한 에릭슨Erik Erikson은 인간이 어떤 문제의 옳고 그름을 판단하는 '윤리적 주체'로서의 특징이 4~7세 정도의 아동기에 처음 나타난다는 것을 관찰하였다. 이 시기의 아동은 옳고 그름을 성인과 같은 이성적 사유를 통해 도출하는 것이 아니다. 그들의 생존에 중요한 의미를 가지는 관계자(주로 부모)의 권위 아래에서, 그 권위자의 행동과 판단에 신뢰하고 복종하고 저항하면서, 그들의 사랑과 인정을 욕망하고 그들의 거절을 두려워하면서, 윤리적 옳고 그름의 기준을 체득해나간다고 보았다.

이는 인간이 가진 윤리적 기준의 기초가 사랑과 인정에 대한 욕망에 근거한다는, 순전한 윤리주의적 입장에서는 쉽게 인정하기 힘든 결론이었다.

하지만 만약 그들의 관찰이 옳았다면, 인간의 윤리적 감수성의 초기 발달은 아이들이 이와 같은 '신뢰형성 프로세스' 또는 '사랑에 대한 반응'을 통하여 "저 사람은 신뢰할 만하다"라는 가치평가 안에서 작동함으로써, 아이는 자신이 신뢰하는 수직적 권위자의 판단을 먼저 "믿고" 자기의 '앎'으로 동화assimilation시켜나간다고 볼 수 있다. 여기서 우리가 한 가지 생각해보아야 할 점은, 아이들은 자신의 삶에 유의미한 권위자의 몸짓이나 느낌을 통해 윤리적 감수성을 체득하기도 하지만, 언어생활이 시작된 후로는 '매개된 의미'를 통해 지성적 사유를 수행해나간다는 사실이다. 그리고 이 매개된 의미는 보통 말, 글, 이야기, 이미지 등을 통해 전달되면서, 앞으로 있을 모든 윤리적 판단과 선택의 행위에 앞서 존재하고 우리가 어떤 사태를 지각perception함에 있어 강력한 영향을 미친다. 이로써 그것은 하나의 견고한 '전제' 혹은 '편견'으로서 우리의 윤리적 판단에 지속적으로 작용하게 된다.

이는 우리가 유전자 편집 기술과 같은 문제를 고민함에 있어서도 유용한 통찰이 될 수 있다. 우리가 유전자 편집 기술을 통해 욕망하는 것에 대한 진솔한 인정과 그로 인하여 제기되는 윤리에 대한 진지한 숙고의 과정을 동시에 수행해나가는 것이 왜 그렇게도 어려운 일이었던가를 새삼스럽게 되돌아본다면, 우리 안에 견고하게 내면화되어 있는 생존을 향한 원초적 욕망과 두려움의 측면이 부각될 수 있기 때문이다. 더불어 '흙수저' 담론과 같은 사회학적 결정론이 유행하는 우리 사회의 힘겨운 환경을 고려한다면, '생존 가치'라는 프리즘 이외의 것으로 유전자 편집 기술을 바라본다는 것 자체가 사치로 느껴질 수밖에 없을 것이다.

그러므로 인간의 원초적인 문제를 해결해줄 것처럼 보이는 눈앞의 유혹에 우리가 이끌려 들어가는 것은 매우 자연스러운 일이다. 그러한 유혹은 물리적·생리적·심리적·사회적·문화적·환경적 차원에서 결정된 우리의 뒤틀린 자기이해나, 경쟁과 주입식 교육을 통해 무비판적으로 수용된 편협한 지식들, 원초적 종교성을 통해 맹목적으로 받아들인 믿음들로는 저항하기 힘든 것이다. 특히 그런 자기이해나 지식, 믿음들이 자기동일화self-identification의 자료가 되어 형성된 인격은 그 안에 뿌리내린 수많은 편견들로 말미암아 견고한 자기확신의 덫에서 빠져나오기가 여간 어렵지 않게 된다. 이쯤 되면 진정한 자기로부터 소외되어 자기모순적 방식으로 살고 또 존재하는 것이 오히려 당위가 되고, 욕망과 당위 사이에 위치한 "모순적" 자유는 "제 멋대로의" 자유로 그의 인격 안에 새겨지게 된다.

하지만 인간이 가진 참다운 자유를 그와 같은 방종이 아니라, "진정으로 가치 있는 것을 선택하고 또 행사할 수 있는" 자유에 있다고 생각한다면, 이제는 '욕망'과 '윤리'의 2차 함수, 또는 '자유'가 포함된 3차 함수에서 벗어나서 이 문제를 새롭게 바라볼 필요가 있다. 그것은 '사랑'이라는 독립변수 하나를 더 첨가한 고차 함수로 가는 길이다. "진정으로 가치 있는 것을 선택하고 또 행사하는" 참다운 자유란 역설적인 것으로서, '사랑함' 안에서 내가 사랑하는 자에게 자발적으로 종속되면서도, 집착과 달리 오히려 참다운 자유를 얻게 되는 것과도 같다. 그래서 자유는 '참으로 애쓸 가치 있는 것'을 향하여 자신을 기꺼이 종속시키는 자발적 행위에 있는 것이다. 역설적이게도 그때 인간은 오히려 진정으로 자유롭다고 느끼며, 자유는 사랑 안에서 조금씩 성숙해간다.

물론 개인적·사회적·역사적 차원에서 욕망과 당위 사이의 평면적 모순으로 인한 소외와 쇠퇴는 늘 존재해왔다. 그리고 사람들은 그러한 모순에 끼여 심신의 고통을 호소해왔다. 사람들은 무엇이 옳은 일이고 사람으로서 당연히 해야 할 일인지를 알면서도 앎과 행함의 근본적 불일치 속에서 힘겹게 살아오고 있다. 문화적 편견과 맹목적으로 답습하는 습득된 비자발적 의지들과 본질적인 '사랑의 부재'는 인간의 노예 상태를 조장해왔다. 그래서 우리는 우리의 도덕적 연약함과 유한성으로부터 우리를 구원해줄 것만 같았던

'힘'을 열렬히 추구해왔고, 오늘날 그것은 테크노 유토피아의 형태로 또다시 우리 앞에 나타나고 있는 것이다.

그러나 우리 안에 있는 양심의 외침과 참된 가치에 대한 질문은 우리가 듣든지 듣지 않든지 한 번도 멈춘 적이 없었다. 양심은 언제나 "그것이 과연 옳은가?", "그것은 참으로 옳은 행동인가?"를 물어왔고, 우리가 어떤 일에 자기 자신을 헌신하기에 앞서 "그것이 그렇게 애쓸 만한 가치가 있는 일인가?"를 재차 묻게 만들었다. 우리는 유전자 편집 기술에 있어서도 이와 같은 양심의 소리에 다시 한 번 귀를 기울이고 진실함이 인도하는 오솔길을 함께 걷기 위하여 잠시 멈추어보는 것도 좋겠다. 그런 진솔함과 여유로움 안에 우리의 참된 인간성을 발견할 수 있는 새로운 길이 있을지도 모르는 일이지 않을까? 어쩌면 수많은 야유와 비난과 손해와 정력의 낭비가 있을지도 모르겠다. 하지만 그럼에도 불구하고, 아니 오히려 그렇기 때문에, 우리는 우리가 헌신하기로 한 가치를 자신의 삶으로 살아냄으로써 우리 스스로가 바로 인격적 가치의 근원으로서 드러날 수 있는 것이다. 그리고 그 삶은, 그 자유는, 생명에 대한 사랑안에서 드러나는 새로운 자율성을 통하여 성장하고 성숙해가면서, 생존의 가치와 인격의 가치를 모두 싸안고 또 거뜬히 넘어서는 초월의 지평을 우리 앞에 넉넉히 드러낼 것이다.[3]

신의 기술, 크리스퍼 유전자가위

3장

과학의 질주 vs. 제도의 딜레마

〔과학〕

매머드 부활, 현실이 되나?

합성생물학의
현주소

김응빈
연세대학교 생명시스템대학 시스템생물학과 교수
언더우드 국제대학 과학기술정책전공 교수

매머드 부활 프로젝트
성공할까?

2015년 5월 모 일간지에 '매머드 유전자 코끼리 이식, 고대 동물의 부활… 곧 이루어지나?'라는 제목의 기사가 실렸다. 하버드 대학교의 조지 처치 교수 연구진이 빙하 속에서 발견된 매머드 사체에서 얻은 매머드 유전자의 일부를 아시아코끼리의 유전체에 집어넣어 매머드와 비슷한 동물을 만들겠다는 것이 기사의 주 내용이었다. 이 연구는 멸종되었거나 멸종 위기에 있는 생물종을 부활 또는 복원시키려는 시도로 미국의 비영리 재단인 롱 나우 재단The Long Now Foundation[1]이 테드TED와 《내셔널 지오그래픽》의 후원을 받아 진행하고 있는 '부활과 복원Revive&Restore 프로젝트' 가운데 하나이다.

이 재단의 공동 설립자 중 한 사람인 브랜드Stewart Brand는 2013년 2월 테드 강연에서, 인류가 지난 1만 년 동안 자연에 커다란 피해를 줬다면서 이제 이러한 피해를 복구할 수 있는 기술을 갖춘 우리가 이를 복구해야 할 도덕적 의무가 있다고 주장했다. 이러한 주장에 《내셔널 지오그래픽》도 관심을 보였다. 《내셔널 지오그래픽》의 관계자들은 과학이 지난 세기에는 기본적으로 무언가를 찾는 데 주력했다면, 이번 세기에는 무언가를 만드는 데 초점을 맞춰야 한다고 생각하며, 그 범주 안에는 멸종된 종의 복원이 들어간다고 말했다. 브랜드의 테드 강연이 있은 지 한 달 후, 롱 나우 재단과 테드, 《내셔널 지오그래픽》의 전문가들은 전 세계 각지에서 모인 보존생물학자들과 함께 멸종된 종과 멸종 위기 종을 복원하는 방법에 대해 논의했다. 그 결과 멸종 위기 종인 검은발족제비와 나그네비둘기 그리고 멸종된 매머드와 멧닭이 복원 대상 종으로 선정되었고 '부활과 복원 프로젝트'가 시작되었다.

미국의 과학 잡지 《사이언티픽 아메리칸Scientific American》의 편집자들은 "왜 이미 죽어 없어진 개체를 복원하려 하는가?"라는 질문을 던지며, 이 프로젝트를 비판하는 기사를 2013년 6월 호에 실었다. 이 프로젝트에서 말하는 멸종 생물의 복원은 현재 인류가 직면한 생물다양성 위기를 극복할 수 있는 근본 해결책이 아니라는 것이 이들 주장의 핵심이었다. 《사이언티픽 아메리칸》의 편집자들은 상아를 탐낸 인간 때문에 멸종 위기에 처해 있는 아프리카코끼리의 사례를 제시하며, 굳이 많은 돈을 들여 매머드를 복원해야 하냐고 반박했다. 아프리카에서는 상아를 노린 코끼리 밀렵이 성행하고 있으나, 아프리카 국가들 대부분은 밀렵 감시 및 단속에 필요한 재원이 없을 뿐만 아니라 상아를 통한 수입도 포기할 수 없어 이를 방관하고 있는 실정이다. 이러한 현실 속에서 보존이라는 명목으로 멸종된 생명체를 복원하겠다는 비싸고 화려한 프로젝트는 무책임해 보인다는 논리이다. 그러면서 첨단 생명공학 기술을 이용해 멸종된 종을 부활시키겠다는 주장은 자칫 대중들에게 과학기술만으로 인류가 직면한 환경 문제를 모두 해결할 수 있다는 잘못된 믿음을 줄 수 있다고 덧붙였다. 그러자 매머드 부활 프로젝트를 이끌고 있는 처치 교수는 같은 잡지 9월 호에 반박 기사를 냈다. 그는 이 프로젝트에서 말하는 복원은 멸종된 매머드와 똑같은 복제 생명체를 만들어내는 것이 아니라 매머드의 일부 유전자를 가지고 있는 아시아코끼리를 만들어내는 것이라고 말했다.

북미와 러시아 등에 있는 툰드라는 원래 거대한 동토凍土이자 영양, 사슴, 말, 소, 매머드 등이 무리지어 살던 '매머드 대초원'이라 알려진 목초지 생태계였다. 이곳의 핵심종*이었던 매머드는 툰드라에서 죽은 풀을 먹어치워 그 밑에 있는 어린 풀이 잘 자랄 수 있게 해주었다. 또한, 나무들을 쓰러뜨려 눈 덮인 툰드라 표면을 노출시킴으로써 햇빛의 반사를 증가시켰으며, 쌓인 눈을 밟아서 찬 공기가 땅에 더 잘 전달되게 하여 동토가 녹지 않게 해주었다. 홍적세(신생대 말기)에 매머드가 멸종하자 영구 동토층의 해빙이 빨라지기 시작했고, 이후 목초지의 개간과 지구온난화 등으로 더욱 가속화되었다. 이를 막기 위해서 처치 교수는 툰드라에서 매머드의 역할을 대신 할 수 있게 추위를 잘 견디는 아시아코끼리를 만들어내는 것이 이 프로젝트의 궁극적 목적이라고 밝혔다.

---

* 핵심종은 개체 수에 상관없이 해당 생태계에서 지배적 영향력을 발휘하는 생물종을 말한다.

매머드가 극한의 추위 속에서도 살 수 있었던 이유는 몇 가지의 적응된 형질* 덕분이었다고 추측하고 있다. 처치 교수 연구진은 이들 형질에 대한 매머드의 유전자를 아시아코끼리의 세포에 집어넣은 다음, 크리스퍼 유전자가위 기술을 이용해 원래의 유전자와 치환했다. 그 다음에는 매머드의 유전자를 가지고 있는 아시아코끼리의 세포를 유도만능줄기세포로 바꾸어준다. 유도만능줄기세포란 일반 세포를 배아줄기세포처럼 모든 형태의 세포로 분화가 가능하도록 만든 것이다. 이 세포는 다양한 종류의 조직으로 분화가 가능하기 때문에 매머드 유전자가 세포의 형질에 미치는 영향을 확인할 수 있다. 예를 들면, 매머드의 헤모글로빈 유전자를 도입한 아시아코끼리의 세포를 유도만능줄기세포로 만든 다음, 이를 다시 매머드 유사 코끼리의 적혈구 세포로 분화시켜 산소 운반 능력을 확인할 수 있다. 그러나 이를 위해서 먼저 풀어야 할 문제가 많이 있다. 처치 교수 연구진은 아직 매머드의 유전체와 아시아코끼리 유전체 간 비교분석이 끝나지 않았다면서 이 분석이 끝나면 추위에 잘 견디게 해주는 형질을 추가로 찾을 수 있을 것이라고 말했다. 그리고 이 연구가 끝나면 관련된 유전자들을 아시아코끼리의 난자에 있는 유전체에 집어넣어 매머드와 유사한 실제 동물을 복제할 것이라고 했다.

처치 교수는 세계적인 유전체학 권위자이다. 1994년 위궤양을

---

* 형질은 생물의 모양, 크기, 성질 따위의 고유한 특징을 뜻한다.

일으키는 헬리코박터Helicobacter pylori 세균의 유전체 서열을 처음으로 밝혀낸 것과 함께 인간 유전체 프로젝트에도 참여했으며, 차세대 염기서열 해독기술이라고 하는 신기술 개발에도 크게 기여했다. 또한 그는 합성생물학의 도구로 사용되는 '다중 자동화 유전체 엔지니어링Multiplex Automated Genome Engineering(이하 MAGE)이라는 기법을 개발했다. 유전적 변이 유발 과정을 자동화시킨 MAGE는 기존의 기법들과 달리 동시에 유전체 내 여러 부분을 바꿀 수 있다. 그는 이를 이용하여 항산화 물질인 리코펜Lycopene을 대량으로 생산하는 대장균을 설계하기도 했다. 대장균은 포도당을 분해하는 과정에서 만들어지는 피루브산과 글리세르알데하이드 3 - 인산을 가지고 리코펜을 합성한다. 이 과정에는 10여 가지 효소가 관여하는데 처치 교수는 이들의 유전자들을 변형해 리코펜의 생산능력이 5배나 증가된 대장균을 만들어냈다.

연구 논문으로 본
합성생물학

앞서 소개한 처치 교수의 매머드 부활 프로젝트와 리코펜 대량생산 대장균 설계는 합성생물학 응용의 대표 사례이다. 유전공학 기술의 급격한 발달로 1990년대 후반부터 DNA

의 염기서열을 대량으로 읽어내는 것이 가능해졌다. 이 덕분에 인간의 유전체 서열을 해독하는 인간 유전체 프로젝트가 2000년 완료되었다. 이 프로젝트에 참여한 크레이그 벤터 박사는 '합성생물학'이라는 개념을 제시하며 이제는 유전정보를 읽어낼 수 있는 능력이 있으니 역으로 유전정보를 고안해서 새로운 생명체를 만들어내자고 주장했다. 그리고 2004년 6월 10일~12일 이틀간 첫 번째 합성생물학 국제 콘퍼런스인 '합성생물학1.0Synthetic Biology1.0'이 미국 MIT에서 열린 후 합성생물학에 대한 관심이 증가되기 시작했다.

Scopus 검색엔진(http://www.scopus.com)[2]을 통해 합성생물학이라는 용어가 회자되기 시작한 2000년부터 2014년까지 논문의 제목이나 핵심어, 혹은 초록에 'Synthetic biology'라는 단어가 포함된 논문을 검색해 분석한 결과, '합성생물학 1.0' 개최 1년 후인 2005년에는 합성생물학 논문 수가 2004년과 비교해 2배 가까이 증가한 것으로 나타났다. 또한, 2004부터 2009년까지 5년간 논문 수는 2배로 증가하여 2010년에는 1,000여 편의 논문이 발표되었으며, 2014년에는 1,739편의 논문이 발표되어 5년간 또다시 2배 가까운 증가세를 보였다. 앞서 소개한 처치 교수가 합성생물학을 대중에 알리는 데에 선봉장 역할을 했다면, 연구 논문 발표를 이끈 과학자는 스위스 취리히 연방공과대학교 생명공학과의 마틴 푸세네거Martin Fussenegger 교수와 미국 캘리포니아 대학교 버클리 생명화학공학과의 제이 키슬링 교수이다. 이들은 조사 대상 기간 동안 합성생물학 관련 연구 논문을 각각 68편과 45편씩 발표했다.

푸세네거 교수는 독일 막스플랑크 생물학 연구소Max Planck Gesellschaft, MPG에서 의학 미생물학 분야 연구로 박사 학위를 받은 후, 1996년부터는 취리히 연방공과대학교에 있는 생명공학 연구소에서 포유류 세포공학에 대한 연구를 시작했다. 세포공학이란 세포와 조직을 배양하는 과정에서 원하는 기능을 수행할 수 있도록 염색체나 유전자를 인위적으로 변형하는 것을 의미한다. 그는 2015년 2월 발표한 논문에서 세포공학 연구에 합성생물학 기술을 응용해 인체의 면역세포를 재설계하는 '합성면역학'이라는 분야를 소개했다.

우리의 면역계는 몸 안에 있는 물질이 자기 것인지 아닌지를 구별할 수 있다. 세포막에는 여러 가지 단백질이 존재하는데 이들은 해당 세포가 자기 것인지 아닌지를 알려주는 역할을 한다. 면역세포는 이를 인지해서 아군과 적군을 구별해 공격한다. 면역세포가 생산하는 항체도 이러한 인식능력이 있다. 항체는 특정 항원, 즉 병원체를 비롯한 외래 물질을 인식하고 결합해서 이를 제거하는 단백질이다. 합성면역학에서는 면역세포의 세포막 단백질이나 항체 유전자를 변형시켜 그 인식능력이 달라지도록 설계한 면역세포나 항체를 만들어낸다. 설계한 면역세포란, 세포막 단백질의 유전자를 변형시켜 그 면역세포의 인식능력에 변화를 준 세포를 의미한다. 암을 제거하도록 설계한 T면역세포를 예로 들 수 있다. 면역세포 중 하나인 T면역세포의 유전자를 변형시켜 암세포를 특이적으로 인식하는 세포막 단백질이 만들어지게 한다. 그리고 변형된 T면역세포 표면에 '암세포를 죽이는 바이러스Oncolytic virus'를 붙여준다. 암세포를 죽이는 바이러스란, 암세포만을 감염해 파괴하도록 설계한 바이러스이다. 이렇게 설계된 T면역세포가 체내로 주입되면, 암세포를 찾아가 결합하게 되고 T면역세포 표면에 붙어 있던 바이러스는 암세포로 이동해서 암세포를 감염해 파괴한다.

키슬링 교수는 미국 미시간 주립대학교에서 화학공학 전공으로 석·박사 학위를 받고, 스탠퍼드 대학교 생화학과에서 박사후 과정을 마친 뒤 1992년 버클리 대학교의 생명화학공학과 교수로 부임했다. 이후 그는 생명체가 물질을 합성하거나 분해하는 과정을 조절하고 변형하는 대사공학에 초점을 맞추어 연구를 수행하고 있다. 특히, 그는 아르테미시닌산이라고 하는 말라리아 치료제의 원료를 대량생산하도록 설계한 대장균을 개발해낸 것으로 유명하다.

2014년 세계보건기구World Health Organization, WHO에서 발간한 한 보고서에 따르면 말라리아는 2013년 한 해 동안 58만 4,000명의 사람의 생명을 앗아갔다. 모기가 옮기는 이 질병의 원인 병원체는 열대 말라리아 열원충Plasmodium falciparum이라는 원생동물이다. 인류는 그동안 이 병원체를 제거하기 위해 다양한 약물을 사용해왔으나 최근 들어 여러 약물에 내성이 생긴 병원체가 발견되었다. 이런 상황에서 한의학에서 오래전부터 약재로 이용해오던 개똥쑥Artemisinin annuna에 여러 약물에 내성이 생긴 열대 말라리아 열원충을 효과적으로 제거할 수 있는 물질, 아르테미시닌이 있음이 발견되었다. 그런데 개똥쑥 1킬로그램에서 나오는 아르테미시닌의 양이 1그램 정도로 매우 적어서 치료제 생산에 큰 걸림돌이 되었다. 키슬링 교수 연구진은 대장균을 이용하여 이 문제를 해결했는데, 이 방법의 주요 과정은 다음과 같다. 우선 아르테미시닌 전구체*인 아르테미신산을 생산하기 위해 맥주효모균Saccharomyces cerevisiae과 개똥쑥에서 유래한 관련 효소 유전자를 각각 5개와 2개씩 대장균에 집어넣는 작업을 한다. 그 결과, 대장균의 세포 안에서는 대장균과 효모의 해당 유전자에서 만들어진 효소의 작용으로 아르테미신산의 전구체가 만들어진다. 마지막으로 2개의 개똥쑥 유전자에서 만들어진 효소가 아르테미신산의 전구체를 아르테미신산으로 전환시킨다.

* 전구체는 어떤 반응이 일어나기 전의 원료물질이다. 즉 일련의 생화학 반응에서 A에서 B로, B에서 C로 변화할 때, C라는 물질에서 본 A나 B라는 물질을 말한다.

글로벌 합성생물학
동향

2009년 6월 9일~10일, 이틀 동안 미국 워싱턴에서 국제 경제협력개발기구Organisation for Economic Co-operation and Development(이하 OECD)가 주관하는 '유망 분야, 합성생물학의 기회와 도전Opportunities and challenges in the emerging field of synthetic biology'이라는 심포지엄이 열렸다. 여기서 참석자들은 합성생물학에 대해 '생물학과 공학이 융합된 일련의 기술·도구'라는 정의를 내리면서, 그 목적은 새로운 생명체를 만들어내거나 기존의 생명체를 다시 설계하는 것이라고 했다. 또한, 합성생물학의 발전을 위해 과학과 기술, 정책 및 교육 분야에 중점적으로 투자해야 한다는 의견이 모아졌으며, 국가 간 합성생물학 규제에 대한 차이를 줄여야 한다고 했다. 동시에 합성생물학은 의료·에너지·환경·식량 등의 분야에서 인류가 직면한 문제들을 해결해줄 수 있는 잠재력을 가지고 있을 뿐 아니라 다학제 간 학문이기 때문에 다양한 분야의 전문가가 필요하고 이를 통해 많은 일자리가 창출될 것이라고 전망했다.

2012년, 영국의 경제혁신기술부Department for Business, Innovation & Skills, BIS는 영국의 합성생물학 발전을 위한 로드맵을 발표하면서 다섯 가지 핵심 주제를 제시했다. 즉 (1) 합성생물학 발전을 위한 토대가 되는 과학 및 기술 확립, (2) 연구자들이 주도적으로 연구와 혁신을 수행할 수 있는 교육 및 제도 마련, (3) 합성생물학 상용화 기술 개발, (4) 합성생물학 응용 분야 및 시장 발굴, (5) 국제 협력 구축 등을 제안했다. 영국의 합성생물학 지원은 정부 산하 7개의 연구협의회 가운데 생명공학 및 생명과학연구협의회Biotechnology and Biological Sciences Research Council, BBSRC와 공학 및 물리학연구협의회Engineering and Physical Sciences Research Council, EPSRC가 주도하고 있다. 이 두 협의회는 정부 지원금으로 합성생물학을 위해 다양한 투자를 하고 있다. 먼저, 이들은 영국 내 5개 대학(임피리얼 칼리지 런던 캠퍼스, 케임브리지 대학교, 에든버러 대학교, 킹스 칼리지 런던 캠퍼스, 뉴캐슬 대학교)이 참여하는 더플라워 컨소시엄The Flowers Consortium을 만들어 영국 내 합성생물학 네트워크를 구축했다. 또한, 임피리얼 칼리지 런던 캠퍼스와 에든버러 대학교, 뉴캐슬 대학교에 3개의 센터[3] 설립을 지원했으며 2010년에는 일반 대중을 대상으로 하는 세미나를 개최해 과학자와 정책결정자, 일반인이 참여하는 대화의 장을 열기도 했다. 이를 통해 보통 사람들에게 합성생물학에 대해 소개하고 정책결정자들은 정책 수립에 필요한 대중의 의견을 듣고, 연구자들은 자신의 연구 성과가 사회에 미칠 영향을 미리 가늠해볼 수 있었다고 한다.

미국 또한 영국 못지않게 합성생물학에 관심을 보이고 있는데, 2010년에는 오바마 대통령이 직접 합성생물학에 대한 분석을 미국의 대통령 생명윤리 연구자문 위원회[4]에 지시했다. 미국 정부는 2006년, 합성생물학 연구를 효율적으로 지원하기 위해 에너지부, 국방부, 상무부, 보건복지부, 항공우주국, 국립과학재단 등 여러 정부기관이 참여하는 합성생물학 실무 기구를 만들었는데, 이 가운데 에너지부와 국립과학재단이 합성생물학에 가장 많은 지원을 하고 있다. 에너지부는 연료 생산에 이용 가능성이 높은 식물과 미생물의 유전체 분석을 비롯한 기초 연구는 물론이고, 비용 절감을 위한 바이오 연료 생산공정 개선과 같은 응용 기술 분야에도 지원을 하고 있다. 국립과학재단은 2006년 미국 내 6개 대학[5]이 참여하는 합성생물공학 연구 센터Synthetic Biology Engineering Research Center, Synberc를 설립해 참여 대학에 각각 그 지부를 두고 연구를 지원하고 있다. 또한, 합성생물학에 대한 연구 데이터를 관리하고 유전체를 설계할 수 있는 컴퓨터 프로그램을 제공하는 웹사이트인 바이오팹 프로젝트와 바이오브릭 재단의 설립 및 운영도 지원하고 있다. 이와 더불어 국립과학재단은 합성생물학의 사회적·윤리적·대중적 측면에 대한 인식 조사도 진행 중이라고 한다.

세계에서 가장 많은 합성생물학 연구기관을 보유한 나라는 미국이지만 합성생물학 국제 협력 네트워크가 잘 구축된 곳은 유럽이라고 볼 수 있다. 유럽연합European Union(이하 EU)은 2012년부터 2015년까지 '합성생물학 유럽 연구 분야European Research Area SynBio, ERASynBio'

라는 프로젝트를 시작했다. 이 프로젝트는 '제7차 기본 계획7th Frame-work Program'이라는 EU의 연구기금 조달 프로그램을 통해 유럽 내 14개 국가의 16개 정부기관으로부터 공동 연구기금을 받아 유럽 내 합성생물학의 연구·개발을 지원하기 위해 시작되었다. 이 프로젝트에는 미국 국립과학재단도 포함되어 있는데 미국은 자금을 지원하지는 않고 참관기관으로만 참여하고 있다. 합성생물학 유럽 연구 분야 프로젝트에는 유럽에서 진행 중인 합성생물학의 연구개발에 자금을 지원하는 것과 함께 유럽 내 합성생물학 연구 네트워크를 구축하고 합성생물학 관련 정책을 구상하는 역할도 수행하고 있다. 2009년에 시작된 '인간 건강을 위한 합성생물학: 윤리 및 법적 문제Synthetic Biology for Human: Health the Ethical & Legal Issues, SYBHEL'프로젝트는 네덜란드의 과학·기술 평가기관인 라테나우 평가원The Rathenau In-stituut과 영국의 브리스틀 의과 대학 윤리 센터, 스위스 취리히 대학교, 스페인 데우스토 대학교 등이 참여해 합성생물학의 윤리적·법률적·정책적 쟁점을 연구하고 있다. 그리고 유럽은 생명과학 정보 네트워크인 ELIXIR(http://www.elixir-europe.org)을 구축해 유럽의 참여 국가에서 수행 중인 생물학 분야 연구에 대한 모든 데이터를 취합해 체계적으로 정리함으로써 서로의 연구 내용 및 성과를 쉽게 공유할 수 있도록 하고 있다.

한국에서는 2005년 한국합성생물학회가 설립되었지만 아직까

지는 합성생물학에 대한 정부의 지원이나 학계의 관심이 미국이
나 유럽에 비해서는 매우 빈약한 실정이다. 2007년 지식경제부 지
원으로 전문 클러스터 육성사업인 'SynbioCluster'라고 하는 국가
사업이 시작되었다. 국내 바이오 기업인 바이오니아와 제노포커
스 그리고 한국과학기술연구원, 한국생명공학연구원이 참여해 유
전자 설계 및 초고속 유전자 합성 기술에 대한 연구를 진행한바 있
다. 미래창조과학부 주관으로 2011년부터 2020년까지 총 10년 동
안 진행되는 글로벌 프론티어 연구개발 사업은 의약품 및 친환경
화학물질을 생산하는 생명체를 재설계하는 것을 주요 목표로 하고
있다. 농촌진흥청이 주관하는 차세대 바이오그린21사업단 중 시스
템합성 농생명공학 사업단이 합성생물학 연구를 지원하고 있다. 이
사업단은 농작물이 유용물질을 생산하거나 척박한 환경 조건에서
도 잘 자랄 수 있도록 재설계하는 연구를 진행하고 있다.

일본의 국립연구개발법인 과학기술진흥국Japan Science and Technology
Agency, JST에서 2010년 발표한 '합성생물학 벤치마킹 보고서Benchmark-
ing Report on Synthetic Biology'에 따르면, 일본은 합성생물학이 회자되기
시작한 2000년부터 이와 관련된 사업을 진행하기 시작했다. 또 다
른 국립기관인 신에너지산업기술 개발기구New Energy and Industrial Tech-
nology Development Organization, NEDO는 2000년부터 2005년까지 미생물이
지닌 대사 경로를 재설계하는 연구를 집중적으로 수행했다고 한다.

2007년에는 일본 과학자들이 모여 '세포 합성 연구회Japanese Society for Cell Synthesis Research'라는 네트워크를 만들었으며, 2009년부터는 문부과학성이 지원하는 '혁신적 세포 분석 연구'라는 프로젝트가 실시되고 있다. 이를 통해서 세포 재설계와 같은 합성생물학 관련 연구를 포함해 주로 유전체 해석 및 세포 기능에 대한 연구가 진행되고 있다.

중국의 경우, 2006년 EU가 주관하는 '프로그램 가능 세균 촉매 Programmable Bacterial Catalysts, PROBACTYS'라는 프로젝트에 국립 베이징 유전체학 연구소Beijing Genomics Institute, BGI가 파트너로 참여한 것이 최초의 공식적인 합성생물학 연구라고 볼 수 있다. 하지만 국립 베이징 유전체학 연구소 소장은 2009년, OECD 심포지엄에서 중국은 합성생물학의 후발주자이며 아직까지는 합성생물학을 주제로 하는 국가 지원 연구 사업이 진행되고 있지는 않다고 말했다. 합성생물학을 목적으로 하는 국가 지원 연구 사업은 진행되고 있지 않지만 합성생물학을 위한 대사공학과 유전체학 등 기초학문 분야 발전에 많은 노력을 기울이고 있다. 베이징 유전체학 연구소는 세계에서 세 번째로 큰 유전체 분석 센터로 알려져 있으며, 이 외에도 상하이와 톈진, 청두 등에 있는 국가 연구소에서 생명체의 대사 과정 분석에 대한 연구에 집중하고 있다. 이처럼 중국은 합성생물학을 위한 기초과학 분야의 토대를 다지고 있는 점에서, 머지않은 장래에 중국이 국제사회에서 합성생물학을 주도하는 국가로 부상할 것이라는 예측도 있다.

합성생물학이 만들어갈 장밋빛 미래 혹은 위험 사회

앞에서 살펴본 바와 같이, 합성생물학은 융합 학문 분야이며 다양한 산업 분야에 응용될 가능성이 매우 높다는 것이 전 세계적으로 공통된 전망이다. 이를 통해 현재 인류가 직면한 환경·에너지 위기를 극복할 수 있으며 나아가 경제성장의 동력으로도 작용할 것이라는 기대를 하고 있다.

미국의 대통령 생명윤리 연구자문 위원회는 2010년에 발간한 보고서에서 합성생물학이 크게 재생가능 에너지와 의료·보건, 농·식품 및 환경 분야에 응용될 수 있는 잠재력이 크다고 내다봤다. 먼저, 재생가능 에너지 산업 분야에서 바이오 연료의 생산에 응용될 것으로 예측했다. 바이오 연료란 동식물 그 자체 또는 이들의 배설 및 잔재 물질과 같은 바이오매스biomass에서 얻는 재생 가능한 에너지이다. 바이오 연료를 얻는 방법은 합성생물학이 탄생하기 이전부터 개발되어왔는데, 현재 바이오매스를 태우거나 화학적 처리를 통해 혹은 세균을 비롯한 미생물에 의한 생물학적 분해 과정을 이용해 바이오 연료를 얻는 방법들이 사용되고 있다. 하지만 미래에는 지금과 같은 방법이 아니라 바이오매스를 효율적으로 생분해 하도록 설계한 생명체를 통해 바이오 연료가 생산될 것이라고 한다. 예를 들어, 기존에 옥수수나 사탕수수에서 추출하던 바이오 알코올을 귀중한 식용 작물을 낭비하는 대신 비식용 작물과 낙엽 등에서 뽑아내는 합성생물학 기술이 거의 상용화 단계에 이르렀다.

합성생물학을 이용해 상대적으로 짧은 시간에 의약품을 대량생산할 수 있도록 새로운 대사경로를 설계할 수도 있다. 앞서 언급한 키슬링 교수의 아르테미시닌 전구체 생산 연구가 좋은 사례이다. 키슬링 교수 연구진은 프랑스의 제약회사 사노피Sanofi - Aventis와 제휴를 맺고 아르테미시닌 생산을 상용화하기 위한 연구를 시작했다. 합성생물학은 백신의 생산 과정도 개선시킬 수 있으며 개인 맞춤형 약물을 생산하는 데에도 이용될 수 있다. 바이러스용 백신을 만드는 과정은 크게 '바이러스 유전자 분석 → 바이러스 분류 → 백신 제작' 세 가지 단계로 이루어진다. 합성생물학을 통해 더 신속하고 경제적인 DNA 염기서열 분석 기술을 개발하고 컴퓨터 모델링으로 백신을 설계함으로써 유전자를 분석하는 과정과 백신을 제작하는 과정에 드는 시간과 비용을 절감할 수 있다. 이미 이러한 방법을 이용해 글로벌 제약 회사인 노바티스는 2013년 중국 상하이를 중심으로 중국 각지에서 인체 감염이 확산된 H7N9형 조류인플루엔자AI 백신을 개발했다. 노바티스 연구진은 중국 위생 당국이 연구자용으로 인터넷에 공개한 바이러스 DNA 염기서열을 내려받아 이틀 만에 중국 현지에서 발견된 바이러스와 똑같은 바이러스를 만들어냈다. 그리고 나흘 뒤에는 바이러스에서 독성 부분을 제거한 인플루엔자 바이러스를 합성해서 이를 이용한 백신의 대량생산에 들어갔다. 기존에 수개월 이상 걸렸던 과정을 불과 며칠로 단축시킨 것이다.

오래전부터 인류는 육종을 통해 가축과 작물을 개량해왔다. 합성생물학은 육종의 연장선상에서 식용작물과 가축을 재설계해 생산성을 증가시킬 수 있다. 합성생물학 기술을 이용해 기존 작물을 재설계하여 단백질 함량이 높은 식물을 만들거나 해충과 질병에 내성이 있는 작물도 만들 수 있다. 그리고 음식물의 부패 정도와 토양의 영양 상태 등을 알려주는 바이오센서 개발에도 응용될 수 있다. 또한 세균을 유전적으로 변형해 쓰레기나 오염물질을 분해하는 기술을 개발하는 것에서 한 걸음 더 나아가 합성생물학을 통해 생태계의 오염 정도를 측정하는 생물막biofilm•을 제작할 수 있다.

이렇듯 미래에 합성생물학이 다양한 분야에서 상용된다면 인류는 상당한 공익을 얻게 될 것이다. 합성생물학이 에너지산업에 응

• 생물막은 보통 매질의 표면에 점액성 층으로 형성되는 미생물 군집을 말한다.

용되면 인류의 화석연료에 대한 의존도를 감소시켜 국제유가에 대한 분쟁도 자연스럽게 사라질 것이다. 또한, 합성생물학을 통한 바이오 연료 생산은 이산화탄소를 거의 발생시키지 않기 때문에 지구온난화 방지에도 긍정적인 효과를 가져다줄 것이다. 그리고 질병과의 싸움에서도 인류가 유리한 고지를 점령할 수 있도록 해줄 것이며 점차 그 중요성이 대두되고 있는 인류의 식량문제도 해결해줄 것으로 기대된다.

인류에게 다양한 가능성과 유익을 가져다줄 것으로 예상되는 합성생물학이지만 위험성도 존재한다. 미국의 대통령 생명윤리 연구자문 위원회는 합성생물학의 위험성에 관해 우선적으로 생물안보biosecurity를 꼽았다. 생물안보란 생물학적 제재와 생명체를 오남용하거나 타인에게 해를 주려는 불순한 목적으로 이용하는 것을 방지하는 노력이라고 정의하면서 합성생물학의 이중성을 강조했다. 앞서 본 대로 합성생물학 기술을 통해 바이러스 백신을 저비용 고효율로 생산할 수도 있지만 이 기술이 테러리스트들의 손에 들어간다면 바이오 테러용 신종 바이러스 생산에 이용될 수도 있다. 또한, 대중들의 관심도 합성생물학의 장밋빛 응용 가능성에만 너무 치우치는 경향이 있다고 지적하면서, 합성생물학이 주는 유익뿐만 아니라 이것이 지니는 잠재적 위험성에 대한 대중 교육의 필요성을 역설했다.

생물안보와 더불어 합성생물학의 또 다른 문제는 합성생명체가 실험실 외부로 유출될 경우에 발생한다. 화학물질의 경우, 자연계로 유출되더라도 통제가 어느 정도 가능하고, 자연분해 등에 의해 그 피해가 시간이 지나면서 서서히 복구된다. 그러나 합성생물학을 통해 만들어진 생명체는 자연계로 유출되면 어떤 결과를 가져올지 전혀 예측이 불가능하다. 자연계로 유출 시 비정상적으로 증식해 기존의 종 다양성을 해칠 수 있으며 원래 있던 생명체와 교배하여 예상치 못한 또 다른 생명체가 나타날 수도 있기 때문이다.[6]

〔정책〕

산업 진흥인가, 위험 예방인가?

합성생물학에 대한
정책적 대응

이삼열

연세대학교 사회과학대학 행정학과 교수
언더우드 국제대학 과학기술정책전공 교수

합성생물학과 정책의 목표:
산업 진흥 VS. 위험 예방

정책의 시각에서 살피면 합성생물학은 두 가지 방향으로 접근이 가능하다. 하나는 산업적인 측면이다. 바이오산업은 "바이오기술을 바탕으로 생물체 내지 생물 유전자원의 기능 및 정보를 활용하여 인류의 건강 증진, 질병 예방·진단·치료 등에 필요한 유용물질과 서비스 등 다양한 부가가치를 생산하는 사업"[1]을 말한다. 정부는 전자산업 이후 새로운 먹거리로서 바이오산업에 초점을 맞추고 있다. 그중 합성생물학은 바이오산업에서 새롭게 성장하는 분야이기 때문에 정부 연구개발 투자대상으로서도 매우 매력적이라고 할 수 있다. 버니바 부시Vannevar Bush는 과학기술에 대한 투자가 미국에 가져다줄 수 있는 혜택을 '끝없는 변경Endless Frontier'이라는 단어로 설명했다. 이 단어가 합성생물학만큼 잘 어울리기도 어려울 것이다. 이러한 입장과 같은 편에 서 있는 집단으로 다국적 기업이나 국내 바이오산업 관련자, 병원을 포함한 의학계, 활발히 연구 활동을 진행하고 있는 대학교수 등을 들 수 있다.

다른 하나는 생물체의 유전자 변형으로 편익을 얻기보다 예상되는 (또는 예상할 수 없는) 피해를 방지하려는 측면이다. 유전자 변형 식품을 둘러싼 미국과 유럽의 논쟁 사례를 보더라도, 유전자 변형의 편익과 피해에 관한 논쟁은 여전히 진행 중임을 알 수 있다. 합성생물학은 여기서 한 발 더 나아가 궁극적으로는 생명체를 유전자 수준에서 재조합하거나 재창조하는 것을 목표로 삼고 있기 때문에 이에 대한 논쟁은 더욱 격렬할 것으로 예상된다. (물론 학자에 따라 합성생물학이 기존의 유전자 변형과 다르지 않다고 주장하는 학자들도 있지만 필자는 이를 구분하고자 한다.) 특히 합성생물학의 경우 우리가 현재는 상상할 수도 없는 피해가 가능할 수 있다. 발생 확률이 알려져 있는 리스크risk가 아닌 발생 확률을 모르는 불확실성uncertainty의 영역에 해당하는 위험이 존재할 수 있다는 의미이다. 유전자 변형 식품을 둘러싼 논쟁도 장기적인 관점에서의 불확실성에 대한 논쟁이 초점이라고 할 수 있다. 즉, 미지의 것에 대한 두려움이 그 밑바탕에 깔려 있다. 피해 방지의 진영에 서 있는 집단은 시민운동단체와 합성생물학의 발전을 우려하는 일부 연구자 및 대학교수 등이다. 그러므로 합성생물학을 둘러싼 정책의 목표는 '산업 진흥'과 '위험 예방'의 두 가치를 둘러싼 갈등 양상을 띤다.

산업 진흥과 위험 예방이 충돌되는 두 가지 정책 목표이지만 산업 진흥을 둘러싼 이해집단은 훨씬 잘 조직되어 있고 과학적인 증거로 잘 무장되어 있다. 즉, 여태까지 생명과학을 토대로 이루었던 과학적 진보와 생활의 개선이, 산업 진흥의 정책 목표를 지지해 주는 강력한 힘이 된다. 또한 세계 각국이 합성생물학에 많은 투자를 경쟁적으로 하고 있는 현황이 한국 정부에게 우리만 뒤처질 수 없다는 생각을 불어넣을 수 있다. 이는 합성생물학 투자에 대한 큰 고민이나 토론 없이 바로 투자의 규모에 집중하게 만들 수 있다.

이에 비해 위험 예방에 중점을 둔 집단은 합성생물학이 가져올 위험에 대한 과학적인 증거들을 제시하기 어렵기 때문에 과학기술 진영에서 이에 대한 광범위한 지지를 얻기 어렵다. 또한 미지의 위험에 대한 두려움을 이유로, 세를 결집하고 국가정책에 영향을 미치기는 어렵기 때문에 산업 진흥의 입장보다는 열세에 놓여 있다고 할 수 있다. 다만 '광우병 사태'에서 드러난 것처럼, 미지의 위험에 대한 두려움은 어떠한 계기가 생긴다면 언제든 현실적인 두려움으로 바뀔 수 있다. 그럴 경우, 대중은 과학적인 증거와는 상관없이 극렬히 반대하는 입장이 될 수도 있다. 그렇기 때문에 위험 예방 진영의 폭발력을 과소평가하지 않아야 한다.

합성생물학 정책의 특성:
국제적 특성부터 전문성의 벽까지

합성생물학에 대한 정책적 대응을 구체적으로 논의하기에 앞서 합성생물학 정책의 특성을 논의할 필요가 있다. 정책의 특성을 규명해야 보다 적합한 정책적 대응을 마련할 수 있기 때문이다.

먼저, 합성생물학은 다른 과학정책 의제와 유사하게 국제적 차원을 지니고 있다. 즉, 국내 논의만으로 문제를 해결할 수 없다는 의미이다. 특히 위험 예방의 경우 국내에서 예방이 잘 된다고 하더라도 다른 나라에서 예방이 잘 이루어지지 않을 경우 아무 소용이 없게 된다. 동물이나 식물은 여권을 지니고 있지 않아 정부가 이를 통제하는 것이 거의 불가능에 가깝기 때문이다. 그런 점에서 합성생물학은 지구온난화 정책과 매우 유사한 구조를 지닌다. 지구온난화 문제도 개별 국가의 해결 능력을 넘어서기 때문에 국제적 공조가 필수적이지만 국제적 공조를 위해서는 국내 관련 집단을 설득해야 하는 이중적 구조를 지니기 때문이다. 국제적인 합의 후에는 국내 차원에서의 합의도 이끌어내야 한다는 의미이다.

둘째, 합성생물학은 패러다임의 변화를 내포하고 있다. 그렇기 때문에 이로 인해 발생할 수 있는 위험은 우리의 기존 상상을 초월할 가능성이 높다. 특히 기존에 영화나 소설 등에서 등장하던 일들이 현실에서 가능할 수 있기 때문에 '미지의 위험에 대한 두려움'이 매우 클 수 있다. 한 번도 가보지 않은 길을 걸어갈 때 어떤 이는 매우 신기해하며 흥분하기도 하지만, 많은 이들은 두려워하며 낯설

어한다. 합성생물학에도 똑같은 논리가 적용될 수 있다. 기존 유전자 변형 식물의 경우 일반인들이 그 외부 모습만을 보았을 때는 기존의 작물과 큰 차이를 알 수 없는 경우가 많다. 유전자 변형 옥수수를 육안으로 알 수 있는 사람은 매우 드물 것이다. 하지만 합성생물학이 이끌고 있는 과학적 성과물은 인간을 조물주의 위치에 올려놓을 가능성이 있기 때문에 이를 수용하는 것은 생각보다 많은 노력이 필요할 수 있다.

셋째, 합성생물학에 대한 투자는 전 세계적으로 경쟁적으로 이루어지고 있다. 지구온난화의 경우 선진국들은 과거의 경제적 발전으로 부를 충분히 축적하고 이미 저탄소기술을 확보해 이를 바탕으로 한 기술로 전환하고 있다. 반면, 합성생물학은 이제 발전하고 있는 분야이기 때문에 국제적인 투자 경쟁이 이루어지고 있는 양상이다. 그러므로 경쟁적인 투자가 이루어지고 있는 상황에서 '위험예방'에 대한 논의는 빠르게 움직이는 과학적 발전을 발목 잡는 것으로 비추어질 수 있고, 그런 이유로 진지하고 충분한 논의가 이루어지기 어려운 상황에 놓일 수 있다. 전 세계적인 조류에 뒤처지지 않기 위해서는 투자 적기를 놓치지 말아야 한다는 논리가 힘을 얻기 쉬운 구조이다.

넷째, 합성생물학에 관한 논의는 전문성의 벽이 매우 높다. 원자력의 위험성에 관한 논의에서 자주 발생하는 것과 같이 전문성의 벽 때문에 비전문가가 논의에 적극적으로 참여하기는 매우 어렵다. 특히 부정확한 용어 등을 사용해 논리를 전개할 경우 과학적으로 엄밀하지 못하다는 지적을 받게 되기 일쑤이다. 반핵 운동의 경우 그 역사가 오래되어 반핵 진영의 과학적 역량도 매우 강화되어 있는 상태이지만 합성생물학의 경우는 그렇지 못하다. 유전자 변형 식품에 대한 반대 운동도 꾸준히 전개되어왔지만 그 과학적 역량은 이를 찬성하는 쪽과 비교할 때 비대칭적으로 열세인 상황이다. 특히 합성생물학 등을 지원하는 산업체는 풍부한 자금을 바탕으로 안정성을 뒷받침하는 다수의 연구를 내놓을 수 있기 때문에, 조직력과 자금 동원력이 높지 않은 반대 진영이 이를 넘어서기는 상당히 어려운 실정이다.

다섯째, 합성생물학과 관련된 전문가의 수가 아직 상대적으로 적다. 그런 상황에서 정부 정책에 자문을 제공하는 전문 인력들 대부분은 연구 주제와 관련된 연구개발 투자의 수혜자일 수밖에 없어 객관적이고 전문적인 자문을 하기 어려운 상황에 놓일 수 있다. 이익의 상충으로부터 자유롭지 않기 때문에 정책결정자들에게 객관적인 시각으로 자문을 제공할 수 있는 전문가는 한정된 상황이다.

여섯째, 합성생물학을 지지하는 진영은 잘 조직화되어 있지만 이를 반대하거나 조심스러운 태도를 보이는 진영은 잘 조직화되어 있지 않다. 여전히 발전 중인 학문 분야이고 눈에 띄는 성과가 아직까지 나오지 않았기 때문이기도 하다. 전 세계적으로도 연구개발은 많이 이루어지고 있지만 이에 대한 반대는 그리 조직화되지 않은 상태이다. 이익을 보는 집단은 잘 조직화되어 있지만 이로 인해 잠재적으로 손해를 입을 수 있는 집단은 사회 전반적으로 매우 넓게 퍼져 있는 데도, 그 손해가 아직 가능성에 머물러 있어 자발적인 조직화가 빠르게 이루어지기는 어려울 것이다.

1) 합성생물학의 국제적 특성

생명과학에 대한 국제적인 협약은 매우 긴 역사를 지닌다. 1992년에 체결된 대표적인 국제협약인 생물다양성협약the Convention on Biological Diversity, CBD은 그 목적을 '첫째 생물다양성의 보존, 둘째 그 구성 요소의 지속 가능한 이용, 셋째 유전자원*의 이용에서 발생하

---

* 유전자원이란 앞으로의 농업 및 식량 생산에 유용한 유전적 소재로서 보존가치가 있는 종자, 미생물, 곤충, 동물 등의 생물체를 총칭하는 용어이다. 유전자원은 넓은 의미에서 식물의 조직체, 꽃가루, DNA도 포함한다. 유전자원은 신품종 육성의 기본 재료가 되고 신물질 추출, 유전자 탐색 등 생명공학연구의 기초 재료가 된다. 따라서 최근 들어 국제적으로 유전자원의 무한한 가치가 인정되고 있고 현재는 각국이 앞다투어 유전자원의 확보와 보존을 위한 경쟁체제에 돌입한 상황이다. 우리나라도 국가 자산으로서의 소중한 유전자원을 종합적으로 보존관리하기 위해 지난 2007년 〈농업유전자원의 보존·관리 및 이용에 관한 법률〉을 제정했다. 국내 유전자원의 무분별한 해외 반출을 규제하기 위해 국가의 승인을 받도록 한 것과 국가 유전자원을 효율적으로 국가가 종합관리하기 위해 책임기관을 운영할 수 있도록 한 것 등이 주요 내용이다.

는 이익의 공정하고 공평한 공유'라고 적시하고 있다. 첫째와 둘째 목적은 매우 추상적인 내용이지만 셋째 목적은 그 내용이 매우 실질적이면서 정치적이다. 이는 과거 경제선진국들이 마구 이용했던 유전자원을 상대적으로 저개발국인 자원부국들이 각국의 주권하에 있다고 인정한 것이다.

하지만 이익의 공정하고 공평한 공유의 구체적인 내용을 두고 이견이 존재했기 때문에 오랜 시간 논의를 거쳐 2010년 10월, 나고야에서 개최된 제10차 당사국 총회에서 나고야의정서Nagoya Protocol, NP를 체결하게 되었다. 나고야의정서에는 '유전자원에 대한 접근과 그 이용에서 발생하는 이익의 공정하고 공평한 공유Access and Benefit-Sharing'(이하 ABS)에 관한 기본원칙을 수립했다. 이 의정서에 의한 생물 유전자원의 ABS는 자원 제공자(혹은 제공국)와 이용자(혹은 이용국) 간의 양자 체결에 의해서 이루어진다. 나고야의정서는 생물 유전자원뿐만 아니라 이와 관련된 전통지식을 포함하는데, 이용을 위해 접근할 경우 사전에 자원 제공국이나 제공자에게 허가를 받아야 한다(사전통보승인Prior Informed Consent). 또한, 유전자원의 이용에서 발생하는 이익을 자원 제공자와 이용자 간 상호합의조건Mutually Agreed Terms에 따라 공유하도록 규정하고 있으며, 이는 국제규범으로 법적 구속력이 있다. 이러한 사전통보승인이나 상호합의조건의 절차나 내용은 국가별로 제도를 정비해서 국내법으로 규정하도록 되어 있다. 그리고 국가별로 사전통보승인과 상호합의조건의 적법성을 증명하는[2] 국제증명서를 발급받아야 한다.

이때 상호합의조건은 이익공유 방법뿐만 아니라 분쟁 해결 방법, 제3자 사용 조건, 목적의 변경 등을 포함하여야 하며 자국 영토를 벗어난 공해상 혹은 남극 등지에 존재하는 유전자원은 적용대상에서 제외된다. 또한 나고야의정서는 사전통보승인에 의해 접근을 허락받고 상호합의조건에 따라 ABS를 적법하게 이행하는지를 모니터링하도록 권고한다. 각 당사국은 이러한 사항을 감시하기 위해 1개 혹은 그 이상의 감시기관Check Point을 지정해야 하며 지정된 감시기관은 이러한 이행사항들을 모니터링하고 그와 관련된 내용을 ABS 정보공유소ABS Clearing House에 등록해야 한다.[3]

생물다양성협약과 나고야의정서의 적용 시기가 분명하지 않고 어떠한 유전물질이 포함되는지 여부가 분명하지 않다. 그런 점에서 합성생물학은 큰 불확실성을 안고 있다.[4] 특히 나고야의정서 채택 전 개발도상국들은 생물다양성협약 발효 전에 취득했거나 이동된 유전자원과 거기서 파생되는 모든 파생물derivatives도 의정서에 포함하자고 주장해왔다. 결국 나고야의정서에는 '파생물'이라는 용어 자체가 삭제되어 명시적으로는 적용대상에서 제외되었지만 의정서 조항의 해석 여하에 따라 여전히 적용 시기에 대한 논쟁과 파생물도 포함될 여지가 있으므로 이를 주시할 필요가 있다. 미국의 경우 생물다양성협약과 나고야의정서에 포함되어 있지 않더라도 연구 진행 시에 연구대상 유전물질의 출처와 유전물질이 해당국의 국내법에 맞게 제공되었는지 여부를 주의 깊게 살필 것을 조언하고 있다.[5]

이와 같이 나고야의정서의 체결로 인하여 생물 유전자원의 학술적인 이용에 상당한 애로사항이 발생할 가능성이 높다. 순수한 학술 목적이더라도, 생명과학의 경우 실험실에서 산업으로의 적용이 매우 빠르게 일어날 수 있다. 그렇기 때문에 이로 인해 발생할 수 있는 문제들에 대한 해결 방식, 절차, 지원 등에 관한 정책 연구가 필요한 상황이다. 특히 학술연구의 결과가 매우 큰 금전적 이익으로 이어질 경우 분쟁이 발생할 소지가 높기 때문에 합성생물학에 산업정책으로 접근할 경우 이에 대한 정책적 지원이 필요하다.

위험 예방의 입장에서는 국제적인 협력 없이 국내정책만을 활용해서 합성생물학에 대한 규제를 효과적으로 수행하는 것은 어려운 실정이다. 이미 생물학 관련 연구들이 국제 네트워크화되어 있기 때문에 한 나라의 규제 수준이 높다고 연구가 이루어지지 않는 것은 아니기 때문이다. 결국 국내의 규제 수준과 국제적 규제 수준과의 정합성, 그리고 국제적 공조가 매우 중요하다.

2) 합성생물학과 생명과학의 패러다임 변화

이 책의 앞에서 합성생물학의 정의에 대해 살펴보았다(〈그림1〉참조). 좁은 의미의 합성생물학에 해당하는 네 번째 유형에서는 유전자를 레고 블록처럼 사용하거나 이를 응용한 새로운 유전자를 합성해 이전에 존재하지 않았던 생물체를 조합할 수 있기 때문에 합성생물학의 이전과는 단절적인 패러다임을 지닌다고 할 수 있다. 단절적인 패러다임의 특징은 이전 사회가 경험한 것들이 미래 예측이나 행동 결정에 적용될 때 그 유용성이 현저히 떨어진다는 것이다. 많은 갈등과 합의를 통해 구축한 기존의 생명윤리나 연구윤리 등의 기준이 더 이상 적용될 수 없는 상황이 전개된다면 예측하지 못한 혼란을 야기할 수 있다. 이러한 단절적인 변화가 예상됨에도 불구하고 과학기술의 발전은 사회가 충분히 숙고할 수 있는 시간을 주지 않을 것이므로 많은 혼란을 초래할 가능성이 매우 높다.

3) 합성생물학과 세계적 투자

합성생물학에 대한 투자는 전 세계적으로 경쟁적으로 이루어지고 있다. 〈그림2〉에 따르면 현재 미국이 이 분야에서 가장 두각을 나타내고 있다. 2008년에서 2014년까지 미국 내 정부기관의 합성생물학 연구 투자비는 약 8억 2,000만 달러로 집계되었다. 영국과 유럽의 경우 합성생물학 관련 연구비가 역시 지속적으로 증가하고

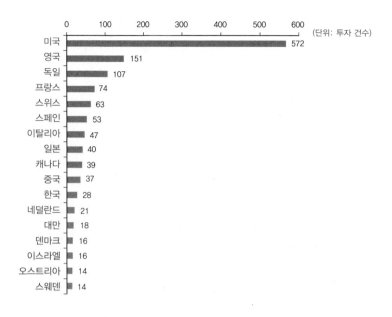

〈그림2〉 합성생물학에 대한 국가별 투자 현황[6]

있지만 총액은 미국에 훨씬 미치지 못하고 있다.

　전체 합성생물학 시장 규모는 2014년 약 43억 달러 규모를 형성하였으며 이후 5년간('15~'20년) 연평균 성장률Compound annual growth rate, CAGR 23퍼센트로 빠르게 성장해 2020년에는 147억 달러 규모로 확대될 전망이다. 국가별 투자에서는 미국이 선두를 달리고 있지만 전 세계 지역별 합성생물학 시장 비중은 유럽 지역이 2014년 기준으로 15억 달러(35.5%) 규모로 가장 큰 시장을 형성하고 있으며 2020년까지도 가장 큰 비중을 유지할 전망이다. 그다음으로 북아메리카 지역이 13.5억 달러(31.5%) 규모의 시장을 형성하고 있으며, 아시아 – 태평양 지역 9.4억 달러(22%), LAMEA(중남미·중동·아프리카) 지역 4.7억 달러(11%) 순으로 시장을 형성하고 있다.[7] 아시아 – 태평양 지역에서도 일본, 중국, 이스라엘, 인도, 싱가포르 등의 국가들을 중심으로 합성생물학 분야에 정부투자 지원이 적극적이며 특히 일본, 중국, 한국은 관련 분야에 대한 민간 기업의 연구 참여도가 높아지고 있어 향후 시장의 빠른 성장이 예상된다.[8]

윌슨연구센터Wilson Research Center에 따르면 합성생물학 연구기관의 수가 2009년에 비해 2013년에는 3배 정도 증가한 상황이다. 다양한 산업체들이 합성생물학 분야에 참여하면서 바이오 연료, 바이오 화학, 의약품 및 진단 관련 기업들이 합성생물학 연구개발에 새롭게 진입하였다. 민간의 투자가 증가하면서, 합성생물학 연구개발에 참여하는 연구소, 대학의 수 역시 증가하는 추세이다. 이에 따라 의약, 진단, 바이오 연료, 바이오플라스틱, 농업 등 합성생물학의 다양한 응용 영역에 정부 차원의 연구개발 투자가 증가하고 있다.

이렇듯 세계 여러 국가들과 민간의 투자가 매우 활발히 이루어지고 있다. 한국 정부도 이에 뒤질 수 없어 합성생물학에 관한 논

과학의 질주 vs. 제도의 딜레마

의는 산업 진흥의 관점으로만 접근될 가능성이 높다.

4) 합성생물학과 제한된 전문가 풀 그리고 전문성의 벽

유전공학이나 합성생물학은 일반인들에게 매우 생소한 분야이기 때문에 이와 관련된 정책적 토론은 전문가들에 의해 주도되기 마련이다. 그런데 문제는 이러한 토론에 참여할 수 있는 전문가들은 결정의 결과에 직접적으로 영향을 받을 수 있기 때문에 이해관계의 상충이 발생할 수 있다. 특히 한국의 경우 전문가 집단의 크기가 한정되어 있고, 전문가들이 참여해서 결정한 내용으로 전문가들이 혜택을 얻을 가능성이 매우 높다. 그렇기 때문에 '전문가의 객관성'에 대한 우려가 존재한다. 유사한 사례가 원자력을 둘러싼 소위 '원자력 마피아'의 경우에서 잘 드러난다. 우리나라에서 원자력에 관한 전문적인 견해를 제공할 수 있는 인력은 한정되어 있고 이들은 모두 원자력 산업의 성장 및 발전과 직접적인 이해관계를 갖는다. 그렇기 때문에 객관성에 한계를 보인다. 원자력과 관련된 이권의 규모는 매우 크기 때문에 원자력에 비판적인 원자력 전문가를 찾는 것은 거의 불가능에 가까운 일이다. 이러한 전문가의 객관성이 의심받을 수 있는 유착관계가 합성생물학 분야에서도 나타날 수 있기 때문에 이를 고려한 논의 구조를 마련할 필요가 있다.

또한 일반인들은 합성생물학 분야에서 널리 쓰이는 용어들이나 개념에 대해 무척 생소하기 때문에 이를 고려한 과학커뮤니케이션이 잘 이루어지도록 유념할 필요가 있다. 인문사회과학의 전문가들도 합성생물학이란 용어에 대해 매우 생소해하고 이런 학문 분야의 존재조차도 알고 있지 못하기 때문에 생명과학의 발전에 관한 다양한 소통이 일어날 필요가 있다.

법제도로 새롭게 편입된 이슈들도 사회적으로 공론화가 되지 않고 이에 대한 논의가 충분치 아니하면 상당한 혼란이 야기될 수 있다. 2015년 미국 대법원의 동성결혼 합법화 판결에서도 알 수 있듯이, 이에 관한 논의가 장시간에 걸쳐 진행되어온 미국에서도 정작 합법화 판결이 난 후에는 커다란 논란이 일어났다. 한국에서도 최근 미국 사례에 고무되어 동성결혼 합법화에 관한 논의가 이루어지고 있지만 이에 대한 사회적 논의가 일천한 상황에서 진행되고 있기 때문에 앞으로 상당한 진통을 겪을 것으로 예상된다. 매우 오랜 사회적 논의가 이루어진 상황에서도 단절적인 의사결정이 일어난 경우 사회적으로 이를 받아들이는 데 상당한 노력이 필요하다. 그런데 합성생물학의 경우 전문가들을 비롯한 소수에 의해서만 폐쇄된 상태로 논의가 진행되면 더욱 큰 혼란을 초래할 가능성이 높다.

그러므로 전문성의 벽을 낮추고, 일반인들이 과학기술의 진전을 이해할 수 있도록 배려해야 한다. 또한, 사회적 영향에 관한 사회구성원 간 심도 깊은 토론이 이루어질 수 있도록 정책적 노력이 필요하다.

현재 합성생물학을 연구하는 연구 집단과 이를 통해 상업적 이익을 보려는 기업들은 잘 조직화되어 있지만, 부정적인 면에 주목하고 사회적 영향을 연구하는 조직은 상대적으로 부족하다. 이로 인해 앞으로 합성생물학에 관한 사회적 논쟁이 일방적으로만 이루어질 수 있다. 이를 위해 정부가 위험 예방의 관점에서 합성생물학을 분석하고 일반인들의 언어로 풀어낼 수 있는 연구를 지원하여 균형 잡힌 자료를 제공하는 것이 필요하다.

합성생물학과 길거리 과학자

합성생물학의 위험에 대한 논의는 크게 생물안전성biosafety, 생물안보, 생명윤리의 영역으로 구분된다. 이 가운데 인체와 환경의 위해성과 관련된 이슈는 생물안전성과 생물안보이다. 생물안전성은 위험 물질이 비의도적으로 또는 환경방출용으로 외부에 노출됐을 때 인간과 생태계에 미치는 영향에 대한 이슈이다. 생물안보는 의도적으로 병균이나 독성 물질을 생태계에 방출하는 바이오테러에 관한 것이다.[9] 기존의 안보 문제는 국가나 테러 단체에 의해 조직적으로 제기되는 안보에 대한 위험을 다룬다. 예를 들어 북한의 핵개발이나 알카에다의 테러 등은 전통적인 안보의 개념에서 잘 다루어질 수 있다. 기존의 연구소나 대학을 벗어나 DIY 연구를 진행하는 이들이 초래할 수 있는 위험도 존재한다. 이러한 위험을 어떻게 관리할 것인가도 생물안보와 맞물린 커다란 정책 문제이다. DIY 연구자들의 존재 자체가 합성생물학의 특징과 맞물려 커다란 위협이라고 말할 수도 있다. 이러한 DIY 그룹을 일컬어 '바이오해커'라고 부르기도 한다.

1장에 언급되기도 했지만 2011년, 미국 뉴욕시에 '젠 스페이스'라는 이름의 '지역공동체 실험실'이 설립되었다. 이는 대학과 연구소 울타리 바깥에 만든 비영리 '열린 생물 실험실'이다. 한 달에 100달러의 회비를 내면 누구든지 자신이 원하는 실험을 할 수 있도록 열려 있는 공간이다.[10] 젠 스페이스의 공동설립자인 임성원에 따르면 "해커는 직위나 명예에는 관심 없이 자신이 탐구하는 분야에서 대가mastery가 되어보겠다는 사람들을 말하는 것"이다. 또한, "그런 해커 정신의 기본에는 모든 정보를 공유해서 더 빨리 배우고 가르칠 수 있어야 한다는 이상"이 있다. "바이오해커는 그런 해커 정신을 생물학 시스템에도 적용하려는 사람들"을 일컫는 말이다.[11]

과학의 질주 vs. 제도의 딜레마

이러한 공간의 특징은 생물학 특히, 합성생물학을 기존의 확립된 제도와 기관들 밖에서 자유롭게 연구할 수 있고, 정부나 재단의 큰 재정적 도움 없이 시설이 운영된다는 점이다. 젠 스페이스는 생물안전도Biosafety level● 레벨 1을 획득할 정도로 잘 관리되고 있는 실험실이지만 이와 유사한 실험실들이 제도권 안에서 자발적으로 잘 관리되리라고 기대하는 것은 다소 무리가 따른다. 바로 이러한 점에서 바이오해커는 바이오크래커biocracker로 바뀔 수 있는 가능성을 지니고 있어 상당히 위험할 수 있다.

바이오크래커는 자신의 분야에서 대가가 되겠다는 야망에는 관심이 없고 자신의 목적달성을 위해 합성생물학 지식을 활용하는 이들을 지칭한다. 불특정 다수에게 우편폭탄을 보내 자신의 사상에 주목하게 했던 유나바머와 유사한 유형이라고 할 수 있다. 미국에서 유나바머라고 알려진 시어도어 카진스키Theodore Kaczynski는 수학자였지만 기술의 진보가 자연을 망치고 있다는 믿음으로 집에서 혼자 폭탄을 제조해 3명을 살해하고 수십 명에 달하는 사람들을 해

● 생물안전도는 생물 오염의 주의 수준이다. 이 안전도는 총 4가지 레벨이 있다.
 • 레벨1: 미생물 실험실에서 특별히 격리될 필요가 없다.
 • 레벨2: 허가된 인원만 입실이 가능하며 경고 표시가 필요하고 작업복을 착용해야 한다.
 • 레벨3: 완전 봉쇄가 필요하고 복도 출입이 제한되며 고성능 필터가 필요하다.
 • 레벨4: 샤워실이 필요하고 방호복이 없으면 입실할 수 없다. 모두 탈의하고 방호복을 입는다. 별도의 산소 공급을 위한 공기 튜브가 연결되어 있다. 에볼라 바이러스, 마르부르그(마버그) 바이러스, 라싸 바이러스, 천연두 바이러스 등은 반드시 레벨4에서만 실험이 가능하다.

쳤다. 돈이 목적이든 복수가 목적이든 생물학 실험에 필요한 장비와 재료를 손쉽게 구할 수 있는 여건이 조성되었기 때문에 어느 정도의 합성생물학적 지식을 가진 사람이라면 자신의 지하실에 실험실을 차리고 바이오크래커로 활동하는 것이 가능해졌다. 마치 인터넷에서 활약하는 크래커가 자신의 집에서 컴퓨터를 이용해 피해를 입히듯 바이오크래커 또한, 자신의 집에서 치명적인 바이러스 등을 합성해 사람이나 지역을 공격할 수 있게 된 것이다.

이러한 위험성 때문에 미국의 생물안보에 관한 국가 과학 자문위원회National Science Advisory Board for Biosecurity, NSABB는 다음과 같은 네 가지 권고사항을 제시했다.[12] 먼저 합성생물학은 생물안보의 위험성이 있기 때문에 제도적인 감시와 통제가 필요하다. 둘째, 군사 및 민간용으로 동시에 사용될 수 있는 이중사용Dual Use 기술의 경우, 생명과학이나 학계를 넘어서는 통제가 필요하다. 셋째, 이중사용 기술의 연구 주제들을 다루거나 합성생물학을 연구하는 연구 집단과 소통할 정부기관이 필요하고 그 둘의 협력을 위한 교육 프로그램을 개발해야 한다. 마지막으로 정부는 새로운 과학적 발견이나 기술을 관찰하기 위한 정책적인 노력에 합성생물학을 포함해야 한다. 미국에서는 합성생물학의 최신 연구 경향을 국가 안전 보장 회의National Security Council, NSC, 중앙정보국Central Intelligence Agency, CIA, 연방수사국Federal Bureau of Investigation, FBI 등이 활발히 모니터링하고 있다. 필자가 참석한 회의에서도 바이오크래커에 대한 우려를 안보 부서 공무원으로부터 들을 수 있었다.

국내의 경우 생물안보 문제에 대비할 수 있는 법적 근거로는 2006년 4월 공포된 지식경제부의 〈화학무기·생물무기의 금지와 특정화학물질·생물작용제 등의 제조·수출입 규제 등에 관한 법률〉(이하 〈생화학무기법〉)이 있다. 이 법은 한국이 1987년 가입한 생물무기금지협약의 국내 이행을 위해 1996년 제정된 〈화학무기의 금지를 위한 특정화학물질의 제조·수출입 규제 등에 관한 법률〉을 개정하면서 만들어졌다. 〈생화학무기법〉에서 말하는 생물무기란 생물작용제와 독소를 의미하며, 해당 법률 제2조에 따르면 "생물작용제는 자연적으로 존재하거나 유전자를 변형하여 만들어진 것으로서 인간 또는 동식물에게 사망, 고사, 질병, 일시적 무능화 또는 영구적 상해를 유발하는 미생물 또는 바이러스로서 대통령령이 정하는 물질"을 말한다. 또한 〈생화학무기법〉 제4조 제2항에 따르면 "누구든 생물무기를 개발·제조·획득·보유·비축·이전·운송 또는 사용하거나 이를 지원 또는 권유해서는" 안 된다. 그러나 이 대통령령이 정하는 물질은 기존에 자연계에 존재하는 심각한 인체·인수병원균, 동물병원균, 식물병원균과 독소 등에 국한되어 있으며 현재의 합성생물학 기술로 등장할 수 있는 병원균 및 독소들은 포함되어 있지 않다. 예를 들어, 각 바이러스의 독성 유전자만을 추출하고 여기에 안전한 박테리아의 외피를 씌운 합성미생물을 만든다면 정부는 이를 제재할 방법이 없는 것이다. 더욱이 현재까지는 제조자가 관련 사실을 신고할 의무가 없기 때문에 정부는 그 현황을 파악할 수도 없는 상황이다.

북한과 휴전 상황에서 대치하고 있는 한국의 경우 다양한 안보적 위험에 노출되어 있다. 전통적인 의미에서의 안보 문제도 매우 심각하고 풀기 어려운 문제이지만 새롭게 등장하고 있는 합성생물학과 관련된 안보 문제도 우리가 아직 경험해 보지 못한 문제이기 때문에 더욱 심각하다고 할 수 있다. 또한 국가조직이나 테러단체 차원이 아닌 개인이나 소수집단의 차원에서도 이러한 생명안보에 위협을 줄 수 있기 때문에 지금까지와는 전혀 다른 대처 전략이 필요하다는 점을 명심해야 한다.

합성생물학과 생명윤리

생명을 합성하는 것은 인간이 조물주의 위치에 가장 가깝게 접근하는 행위이다. 어쩌면 생명의 합성은 인간 생명의 비밀을 알아내는 중요한 열쇠이기 때문일 것이다. 그렇기 때문

에 많은 일반인들은 생명을 합성하는 것에 대해 왠지 모를 불안감이
나 거북함을 느낀다. 즉, 뭔가 넘지 말아야 할 선을 넘는다는 느낌
을 받는 것이다. 그렇다면 합성생물학에 의해 제기되는 윤리적 문제
와 이를 검토하기 위한 기준은 무엇인가? 미국의 대통령 생명윤리
연구자문 위원회는 합성생물학과 관련된 윤리적 문제를 검토하기
위해 다음과 같은 5가지 기준을 제시한다.[13] 첫째는 공공의 혜택public
beneficence, 둘째는 책임 있는 청지기 정신responsible stewardship, 세 번째는
지적 자유와 책임intellectual freedom and responsibility, 네 번째는 민주적 숙고
democratic deliberation, 다섯 번째는 정의와 공평성justice and fairness이다.

이를 더 자세히 살펴보면 다음과 같다. 첫째는 공공의 혜택으
로, 사회에 미치는 손해를 가능한 한 줄이고 이익을 늘리는 방향으
로 연구가 이루어져야 한다는 것을 말한다. 공공 연구개발의 목적
은 공공재를 향상시키는 것이다. 그렇기 때문에 합성생물학에 대한
정부의 연구개발 투자가 공공의 이익을 증진하는지 체계적으로 논
의될 필요가 있다.

둘째는 책임 있는 청지기 정신이다. 현재 정부 연구개발 시스템
의 모니터링 체계와 과학자 집단의 자발적인 관리가 합성생물학의
잠재적인 문제를 관리하는 데 적절하기 때문에 이를 좀 더 강화하
는 것이 바람직하다는 입장이다. 또한, 의사결정 과정에 참여하는

것은 불가능하지만 이러한 결정에 영향을 받는 이들(예를 들어, 아직 태어나지 않은 미래 세대)의 입장도 고려할 필요가 있다는 것이다. 하지만 이러한 입장과는 다르게 윤리적 우려에 대한 문제가 해결될 때까지 합성생물학과 관련된 모든 연구를 금지하자는 과격한 의견도 있다. 논란의 중심이 되고 있는 맞춤아기에 대한 연구의 경우, 일단의 학자들이 《네이처》를 통해 생식세포의 DNA 변형 기술을 금지하자고 주장하기도 했다.[14] 또한, 노벨상 수상자 2명을 포함한 18명의 연구자들은 《사이언스》를 통해 안정성과 의학적 필요성이 분명해지기 전까지 유전자 변형 아이를 만들려는 어떠한 노력도 자체적으로 중단하자고a self-imposed moratorium 주장했다.[15] 이는 연구자들 스스로가 과학기술의 발전이 가져올 수 있는 사회적 문제를 공론화하고자 한 주목할 만한 일이었다. 물론 이들의 우려에도 불구하고, 유전자를 손쉽게 편집하는 '유전자가위 기술'을 이용한 연구들은 빠르게 진행 중이다. 2016년, 영국에서는 인간 수정란의 유전자 일부를 편집하는 실험이 승인되기도 하여 큰 논란을 불러일으켰다.[16] 이러한 연구들의 결과로 혜택을 받는 집단과 고통을 받는 집단이 분리될 경우 커다란 사회적 갈등으로 번질 우려가 있다. 또한, 과학과 관련된 자본의 논리가 이러한 우려를 증폭시킬 가능성이 매우 크다고 판단된다. 더불어 과연 현재의 모니터링 및 평가 시스템이 합성생물학과 관련된 위험 요소들을 관리하는 데 적절한지 여부는 지속적인 논쟁의 대상이다.

세 번째는 지적 자유와 책임의 원칙이다. 이 원칙에 따르면 연구로 인한 위험이 지나치게 크지 않는 한, 과학 연구는 자유롭게 이루어지도록 연구의 자율성이 부여되어야 한다. 하지만 동시에 무차별적인 호기심에 이끌린 연구들이 책임 없이 이루어지지 않도록 관리될 필요가 있다는 내용이다. 이 원칙이 지지하는 학문의 자유에는 원칙적으로 동의하지만 상업적인 목적이 개입될 경우 지적 자유와 책임에 근거한 처방의 효과는 매우 한정적일 것이다. 회사에 속한 연구자의 경우, 연구의 방향에 대한 개인의 결정 권한은 매우 한정되어 개인 연구자의 윤리적인 판단은 회사의 상업 논리에 파묻히기 십상이기 때문이다. 특히 합성생물학 연구의 결과물이 매우 큰 상업적인 가능성을 지닐 경우 이와 관련된 위험 요소에도 불구하고 자본의 이윤극대화 노력을 제어하기는 매우 어려울 것으로 예측된다. 이 원칙의 효과적인 작동을 위해서는 정부의 체계적인 통제와 과학자 집단의 지속적인 정보 공개 및 성숙한 연구 의식이 전제되어야 한다.

네 번째는 민주적 숙고 원칙이다. 이는 협치에 기반을 둔 것으로 각계를 대표하는 다양한 배경의 사람들이 정보와 의견을 교환하고 숙고한 후 결정을 내리는 것을 뜻한다. 이 원칙은 결정에 초점을 맞추지 않고, 이러한 결정에 이르는 과정과 절차에 초점을 맞춘다. 현재 우리나라에는 미래창조과학부와 한국과학기술기획평가원이

'기술영향평가' 제도를 도입해 학계·산업계·관계·시민 등이 모여 주요 기술의 사회적 영향에 대한 논의를 체계적으로 진행하고 있다. 2016년에는 '유전자가위 기술'과 '인공지능'을 다루기도 하였다. 하지만 기술영향평가의 정책 반영이 규정되어 있지는 않기 때문에 정책 과정에 기술영향평가가 제대로 반영되고 있지 않은 실정이다.

다섯 번째는 정의와 공평성 원칙이다. 기술 개발은 기업의 후원으로 일부 이루어지기도 하지만 많은 경우 정부의 지원을 받는다. 기술 개발에 세금의 지원을 받는 것이다. 또한, 기술의 영향은 모든 사람에게 끼치기 때문에 새로운 기술 개발이 창출하는 편익은 여러 사회계층과 현세대 및 미래 세대에 골고루 돌아갈 수 있어야 한다. 합성생물학의 발전으로 사회계층 모두가 골고루 혜택을 얻기 위해서는 많은 선결 조건들이 이루어져야 한다. 만성골수성 백혈병 환자를 위한 특효약인 글리벡의 경우, 이를 금전적으로 감당할 수 있는 일부 환자들에게만 허용되어 대다수의 환자들에게는 그림의 떡이었다. 이로 인해 윤리 문제가 제기되고 언론에서 이 문제를 다룬 후에야 정부는 글리벡을 국민의료보험에 포함시켰고 필요한 환자들에게 제공할 수 있었다. 이러한 불공평의 사례들은 합성생물학의 과학적 발전을 상업적으로 활용하고자 할 때 필연적으로 나타날 수밖에 없다.

과학의 질주 vs. 제도의 딜레마

우리나라의 경우 앞선 연구들을 참고해 합성생물학과 관련된 윤리적 문제를 다룰 수 있는 기준을 마련하고, 문제가 일어나기 전에 예방의 차원에서 선제적 논의를 시작해야 한다. 산업 발전의 관점에 익숙한 우리 정부는 합성생물학에 관한 논의에서 연구 결과물의 상업적인 가능성에 초점을 맞추고 있다. 일례로 미래창조과학부는 글로벌 프론티어 사업의 '지능형 바이오시스템 설계 및 합성 연구단'을, 농림축산식품부는 '시스템합성 농생명공학 사업단'을 통해 합성생물학 연구에 대규모 투자를 진행 중이다. 하지만 이러한 연구들이 초래할 수 있는 사회·윤리적 문제에 관한 논의는 거의 없다시피 한 상황이다. 합성생물학의 획기적인 연구 결과물이 쏟아져 나오기 전에 이에 관한 공적 논의를 조속히 시작할 필요가 있다.

우리나라의 경우 종교계가 과학 연구에 의견을 제시하거나 개입이 크지 않은 상황이다. 오히려 종교계는 과학의 발전에 무지해, 황우석 박사 사태와 같은 과학적 애국주의를 주장하기까지 했다. 현재까지는 종교계가 생물학의 연구 등에 많은 관심을 갖고 있지는 않다. 이는 종교적인 믿음과 관련이 없기 때문이 아니라 합성생물학에 대한 무관심이나 무지의 소산이라고 판단된다. 하지만 합성생물학이 매우 빠르게 발전할 경우 종교계와 큰 갈등을 촉발할 가능성이 높다. 합성생물학은 종교의 가장 중심에 있는 '생명'을 조작하거나 더 나아가 '창조'하는 수준에 도달할 수 있기 때문이다. 다른 학문과는 달리 합성생물학은 조물주의 자리에 가장 가깝게 다가서고 있다. 합성생물학의 발전에 종교가 가장 큰 걸림돌이 될 우려가 매우 크기 때문에 이에 관한 선제적인 논의를 시작하는 것이 필요하다.

합성생물학 관련 정책적 과제

앞에서 언급한 바와 같이 미국을 비롯한 여러 나라들이 합성생물학의 중요성을 깨닫고 이와 관련된 정책적 논의를 이미 시작했다. 활발한 연구를 하고 있는 우리나라도 이와 관련된 정책적 논의를 체계적으로 준비할 필요가 있다. 먼저 합성생물학의 효과적인 모니터링과 관리를 위한 법체계를 정비해야 한다. 현재 우리나라는 합성생물학과 관련된 내용을 규제할 수 있는 법적인 근거를 〈유전자변형생물체의 국가 간 이동 등에 관한 법률〉과 〈생화학무기법〉 등을 통해 마련하고 있다. 하지만 김훈기에 따르면 이러한 법률이 '기존 유전자변형생물체(이하 LMO)'를 대상으로 하고 있고 이에 대한 통제도 역부족인 상태이기 때문에 합성생물학에 의해 만들어진 새로운 LMO를 통제하기에는 어려운 상황이다.[17] 과학기술의 발전은 관련 법체계의 변화를 요구하기 때문에 합성생물학의 연구와 그 결과물을 관리하고 통제할 수 있는 새로운 법체계와 규제체계에 대한 고민이 필요한 시점이다.

둘째, 현재 합성생물학과 관련된 연구가 이루어지는 연구소와 연구진들에 대한 실태조사를 실시하고 이를 데이터베이스로 만들어 주기적으로 업데이트해야 한다. 특히 연구소나 대학 등 기관에 소속되지 않고 수행되고 있는 연구 등에 대한 현황 파악과 관리 체계의 신설 등이 필요한 상황이다. 현재 우리나라에는 이와 관련한 눈에 띄는 움직임이 없지만 생물학 연구 저변이 확대되고 관련 기자재의 구입 등이 어렵지 않기 때문에 추후 움직임이 나타날 가능성이 매우 높다. 이러한 민간 연구소나 풀뿌리 연구소에 대한 관리는 연구소나 연구자에 대한 관리보다 필수적인 연구기자재나 재료 등의 유통 관리가 보다 효과적일 수 있다. 연구기자재 및 재료의 유통 관리 시스템을 체계적으로 확립하고 모니터링할 필요가 있다.

셋째, 일반적인 과학기술과 마찬가지로 합성생물학 관련 전문 지식의 벽은 매우 높다. 그렇기 때문에 과학기술의 기초가 부실한 일반 시민의 눈높이에서 관련 기술의 가능성과 위험성을 이해할 수 있도록 정보를 만들 필요가 있다. 현재 한국 정부가 진행하고 있는 연구 사업은 합성생물학의 산업적 가능성에만 초점을 맞추고 있어서 일반 시민을 대상으로 한 소통 노력은 매우 소홀한 상황이다. 앞으로 다가올 수 있는 합성생물학을 둘러싼 더욱 큰 사회적 혼란을 막기 위해서라도 합성생물학에 관한 전문가·시민·정부 간의 대화를 시작할 필요가 있다. 특히 시민들이 이해할 수 있도록 과학커뮤니케이션에 관한 노력을 보강해야 한다.

넷째, 제도적으로 합성생물학에 관한 숙의의 장에 종교계의 참여를 보다 활성화해야 한다. 낙태를 둘러싸고 미국에서 기독교와 많은 충돌이 일었던 것처럼, 합성생물학이 현재의 속도로 발전할 경우 한국의 종교계와 충돌할 가능성이 매우 높다고 판단된다. 이는 낙태와는 완연히 다른 규모의 논란을 일으킬 것이고, 심한 경우 합성생물학 관련 연구를 완전히 중단시킬 위험도 있다. 그렇기 때문에 정부는 합성생물학 지원 예산에 시민과의 대화 특히, 종교계와의 대화를 위한 프로그램 등을 선제적으로 포함시켜야 한다.

과학과 기술의 발전은 인류에게 많은 축복을 가져다주었다. 동시에 인류가 오늘날 당면한 지구온난화 문제와 같은 많은 불행을 낳기도 했다. 이렇듯 과학기술은 언제나 양면성을 지닌다. 축복과 불행을 모두 지닌 과학기술을 어떻게 사용할 것인가에 대한 결정은 전적으로 이를 만들고 수용하는 사회의 몫이다. 합성생물학은 인류가 이룩한 놀라운 성과의 하나이며, 우리 존재의 근원에 한 걸음 더 다가서는 중요한 발자국이기도 하다. 우리 사회는 이러한 과학기술의 놀라운 성과를 어떻게 수용하고 이용할 것인가에 대한 논의를 더 늦기 전에 시작해야 한다.[18]

4장

다시 생명을 묻다

〔과학〕

생명을 묻다

지금 생명을
질문하는 이유

———

김응빈
연세대학교 생명시스템대학 시스템생물학과 교수
언더우드 국제대학 과학기술정책전공 교수

생물학의 오랜 질문,
생명이란 무엇인가?

나는 존재하나 내가 누군지 모른다
나는 왔지만 어디서 왔는지 모른다
나는 가지만 어디로 가는지 모른다
내가 이렇게 유쾌하게 산다는 게 놀랍기만 하다

17세기 한 시인의 읊조림에서 "생명(또는 인간)이란 무엇인가?"
라는 생물학의 큰 물음에 대한 고민을 본다. 어쩌면 이 시인[1]은 당
시까지 거의 2,000년 동안 진리로 여겼던 생기론vitalism이라는 생명
관의 붕괴 조짐을 목도하면서 시상詩想에 잠겼을지도 모르겠다. 이
때는 이미 데카르트와 베이컨, 하비William Harvey 등을 비롯한 근대과
학의 선구자들이 자연을 이해함에 있어서 생기론처럼 합목적적인
사고는 배제하고, 관찰과 실험을 통하여 실증적이고 객관적인 접근
을 해야 한다고 역설하고 나선 이후였기 때문이다. 이들은 생명현
상도 물리와 화학의 방법론으로 해석할 수 있으며, 생명체에만 적
용되는 자연법칙은 없다고 생각했다. 말하자면 생명체를 하나의 정
교한 기계로 보는 기계론mechanism이라는 새로운 생명관을 내놓았다.

생명현상을 밝히는 과정에서 생기와 같은 비과학적인 요소는 제

거해야 한다는 이 발상은 이후 생물학 발전에 크게 기여했다. 예컨대 라마르크Jean - Baptiste Lamarck는 생물종이 불변의 피조물이 아니라 환경과의 상호작용으로 변할 수 있음을 간파하고 이를 최초로 기록으로 남겼다. 그리고 이어진 19세기의 획기적인 연구 성과들, 이를 테면 살아 있는 모든 것은 세포로 되어 있다는 세포설의 정립과 다윈의 진화론 및 멘델의 유전법칙, 파스퇴르Louis Pasteur의 자연발생설 반박 실험 등을 통해서 생물학은 비로소 학문적 토대를 굳건히 했다.

근대생물학의 출발점이라고 볼 수 있는 다윈의 진화론과 멘델의 유전법칙이 19세기 중반에 세상에 알려지고 나서 100년이 채지나지 않은 때인 1953년에 유전물질의 물질적 실체인 DNA의 구조가 밝혀졌다. 이때부터 DNA의 작동 원리를 연구하는 분자생물학이 본격 가동되었다. 이 분야의 엄청난 연구 성과는 생명현상도물리와 화학의 방법론으로 설명할 수 있다는 과학혁명● 초창기 선구자들의 주장을 속속 확인해주었다. 그리고 DNA 구조를 규명한지 50년 만에 급기야 인류는 자신을 비롯한 다양한 생명체의 유전체 정보를 완전히 해독하고 준±인공생명체를 만들어내는 경지에도달했다. 하지만 여전히 옛 시인이 품었을 고민을 해결하지는 못하고 있다.

사실, 지금의 지식을 가지고 생명을 섣부르게 정의하기보다는

● 과학혁명은 17세기 무렵, 유럽에서 일어난 자연을 이해하는 방식의 급격한 변화를 의미한다.

더 유용하고 확실한 판단의 준거를 찾기 위해 다각도로 더 노력하는 것이 바람직한 과학자의 자세라는 생각이 든다. 현재 우리는 바이러스의 생명체 인정 여부 문제부터 시작해서 합성생물학 기술을 둘러싼 생명윤리 문제에 이르기까지 생명에 대한 명확한 정의의 부재로 생기는 문제를 풀기 위해서 더 기다릴 수밖에 없는 처지이다. 이런 난제들을 순차적으로 해결해나가기 위해서는 생명의 본질에 대한 우리의 이해가 깊어져야만 한다.

지구에서 생명은 어떻게 처음 생겨났을까?: 생명의 기원과 우주 대폭발설

과학은 실험과 관찰을 통해서 결론을 이끌어내는, 즉 결과를 보고 그 원인이나 작용 원리를 밝혀내려는 시도라고 할 수 있다. 동일한 접근 방법으로 생명체에 대한 의문을 풀어보자. 지구에 사는 모든 생물은 지구에 존재하는 원소들로 이루어져 있다. 지금까지 자연계에 존재하는 것으로 알려진 원소는 90여 가지이고, 생명체를 이루기 위해서는 이 가운데 약 25가지가 반드시 필요하다. 마치 레고 블록이 조립되듯이 자연계에 존재하는 특정 원소들이 우리 인간을 비롯한 생물들의 몸을 구성한다는 얘기이다. 그런데 생명체를 이루기 위해서는 탄소나 수소 원소처럼 단순한 물질이 아니라 탄소화합물과 같은 훨씬 더 복잡한 물질이 필요하다. 따라서 원시 지구에서 생명체가 어떻게 생겨났는지를 알아보려면, 단순한 물질에서 더 복잡한 화합물이 만들어질 수 있는지, 또 여기서 세포가 생겨날 수 있는지, 세포(단세포 생물)로부터 다세포 생물이 만들어질 수 있는지를 알아보아야 한다.

우주 대폭발설에 의하면 지구는 거대한 수소(H_2)의 집합체가 높은 압력과 온도에 의해서 더 무거운 원소로 전환되고, 결국 폭발한 후에 다시 여러 개로 뭉쳐져서 만들어진 천체 가운데 하나이다. 탄생한 지 약 45억 년이 넘은 지구는 처음 2억 년 동안 표면의 온도가 100℃ 이상이었을 것으로 추정된다. 수억 년에 걸쳐 지구가 식어가는 과정에서 수소가 다른 원자들과 반응하여 암모니아(NH_3), 메탄(CH_4), 수증기(H_2O) 등이 원시 대기에 축적되었고, 이즈음 최초의 원시생명체가 출현했을 것으로 추측하고 있다. 1950년대 초, 20대 초반의 젊은 대학원생이었던 스탠리 밀러Stanley Miller는 이러한 원시 지구의 환경을 실험실에서 재현했다. 이를 '밀러 - 유레이' 실험이라 부른다. 그는 원시 대기 조성에 맞게 공기를 구성한 다음, 뜨거웠던 원시 지구의 바다를 모방하여 물을 끓여 수증기를 만들고, 마지막으로 원시 지구에서 자주 일어났을 거라고 추정되는 번개를 흉내 내어 전기 방전을 일으켰다. 실험이 시작되고 일주일 정도가 지나자, 비에 녹아 용해된 물질이 내려오는 것을 재현한 부분에서 아미노산을 비롯한 다양한 탄소화합물, 즉 생명체를 이루는 핵심 성분이 생겨났다. 이 실험 결과가 생명체의 탄생 과정을 입증하는 것은 절대로 아니다. 원시지구의 대기에 존재했을 것으로 추정하는 간단한 기체 원소로부터 생명체를 이루는 데에 필요한 복잡한 유기화합물이 저절로 만들어질 수 있었다는 가능성을 보여준 것이다. 간과하지 말아야 할 사실은, 이 실험은 원시 지구의 대기가 현재와는 그 조성이 전혀 다른 '환원성 대기'●라는 '가정'에서 출발했다는 것이다.

'밀러 – 유레이' 실험이 가지는 또 다른 의미는, 러시아 생물학자 알렉산드르 오파린Alexander Oparin이 1936년 자신의 저서 『생명의 기원』에서 제안했던 생명의 기원에 관한 가설을 지지하는 실험적 증거를 제공했다는 것이다. 오파린은 원시 지구의 대기에 풍부했던 수소와 메탄, 암모니아 등이 물 분자와 결합해 물에 잘 녹지 않는 콜로이드colloid 상태로 존재했고, 이런 액상 물질들이 모여서 막 형태를 이루어 안과 밖 또는 자기self와 비자기nonself를 구분해주는 경계가 되었다고 주장했다. 그는 이런 원초적인 세포 형태를 코아세르베이트coacervate라고 불렀다.

이후 최근까지 수행된 연구 결과를 종합해보면, 매우 흥미로운

● 환원성 대기는 영어로 'Reducing atmosphere'라고 표현한다. 즉, 산소가 거의 없는 대기를 말한다.

●● 지질은 세포막의 주성분으로 물에는 녹지 않고 유기용매에 잘 녹는 것이 특징이다.

사실이 발견된다. 지질**과 DNA를 시험관에 함께 넣어 건조시킨 다음 다시 물을 넣어주면, 지질이 저절로 공 모양 구조를 이루고 일부는 그 안에 DNA가 들어가 있어서 세포의 기본 형태를 갖춘 것처럼 보인다. 그렇다면 원시 지구에서도 이와 같이 자발적인 반응을 통해 지질과 DNA 등이 저절로 만들어졌고, 이 물질들이 우연히 만나 섞이면서 원시세포 탄생의 길을 열었을까? 과학적으로 그렇다고 확실하게 말할 수는 없지만, 그 가능성을 완전히 배제할 수도 없는 상황이다.

생명을 향한 과학자들의 여정: 질문과 논쟁들

생물학은 보통 아리스토텔레스를 위시한 고대 그리스 자연철학자들에서 시작되었다고 한다. 아리스토텔레스는 생명체를 형태eidos와 재료hyle, 생기psyche로 이루어졌다고 생각했다. 여기서 형태와 재료는 각각 해당 생명체의 모양을 결정하는 틀과 생명체를 이루는 물리적인 실체이고, 생기 또는 영혼은 생명체의 생명력을 의미한다. 그의 주장에 따르면, 형태와 재료만으로는 생명체가 될 수 없고, 생기가 들어가야 비로소 살아 있는 생명체가 된다. 이런 생각은 이후 생물학의 발전 과정에 지대한 영향을 주어 생물과 무생물을 생기(영혼)의 존재 여부로 구분하게 하였다. 예컨대 18세기에 생물분류학의 기초를 다진 린네Carl von Linne는 개개의 생물종이 고유한 형태를 가지고 있으며, 이는 따로따로 신에 의해서 창조된 것을 의미한다고 믿었다. 또한 신선한 공기와 함께 생기를 받아들이기 위해서 생명체가 숨을 쉰다고 생각했다. 그러나 생기론이라고 하는 이러한 생명관은 르네상스를 지나 과학혁명이 진행되던 16~17세기부터 허물어지기 시작했다.

　오늘날 우리에게는 터무니없는 이야기지만, 19세기 후반까지도 보통 사람들은 말할 것도 없고 많은 철학자와 심지어 일부 과학자들까지도 생명체가 무생물에서 저절로 우연하게 생겨난다고 믿었고, 이 과정을 '자연발생spontaneous generation'이라고 그럴싸하게 불렀다. 쉽게 말해서 200여 년 전만 해도 사람들이 생쥐까지도 저절로 탄생할 수 있다고 흔히 믿었고, 나름대로의 근거를 가지고 있었다. 쌓아둔 퇴비에서 파리가 나오고 구더기는 썩어가는 동물의 사체에서 항상 꾸물꾸물 기어 나왔다. 게다가 생물학의 시조로 여겨지는 아리스토텔레스도 무척추동물뿐만 아니라 고등 척추동물도 자연발생한다고 주장하지 않았던가! 심지어 17세기 화학자이자 의사였던 벨기에의 헬몬트Jan Baptista Van Helmont는 쥐를 만드는 방법을 남기기까지 했으니, 당시에 자연발생이 의심할 여지가 없는 사실로 받아들여진 것은 이상한 게 아니라 오히려 당연한 일이다. 사실 헬몬트는 유명한 '버드나무 실험'을 통해 광합성과 관련하여 중요한 업적을 남긴 인물이다. (버드나무 실험은 큰 화분에 버드나무를 심기 전에 이 나무와 들어갈 흙의 무게를 각각 재고, 5년 동안 물만 주고 키운 다음에 다시 버드나무와 흙의 무게를 측정한 것이다. 그 결과, 버드나무는 많이 자라서 훨씬 더 무거워졌는데 흙의 무게는 거의 변화가 없었다.)

1668년 이탈리아의 의사인 레디Francesco Redi가 최초로 자연발생에 대한 의문을 공식적으로 제기했다. 그는 썩은 고기에서 구더기가 저절로 생기지 않는다는 것을 증명하기로 결심하고, 2개의 단지에 고기를 담았다. 하나는 뚜껑을 덮지 않았고 다른 하나는 단단히 밀봉을 하였다. 예상한 대로 열린 단지의 고기에서만 구더기가 나왔다. 자연발생을 믿는 사람들은 신선한 공기가 없어서 그렇다고 주장했다. 이에 맞서 레디는 두 번째 실험을 했는데, 이번에는 밀봉 대신 가제로 단지를 덮었다. 공기가 공급되었음에도 불구하고 구더기는 보이지 않았다. 당연한 결과가 아닌가! 파리가 고기에 알을 남길 수 없었을 테니 말이다. 레디의 실험 결과는 생물이 저절로 생겨난다는 오랜 신념에 심각한 타격을 주었다.

1668년 레디의 실험으로 불붙은 자연발생을 둘러싼 논쟁의 종결에 실마리를 제공한 사람은, 1858년에 살아 있는 세포는 살아 있는 기존의 세포에서만 생길 수 있다는 '생물속생biogenesis'을 주장한

독일의 피르호Rudolf Virchow였다. 그러나 아쉽게도 피르호는 생물속생 개념을 설명할 수 있는 실험 증거를 제시하지 못했고, 또다시 3년이 지나갔다. 드디어 1861년에 프랑스의 파스퇴르가 간단하지만 기발한 아이디어로 마침내 자연발생 논쟁의 엉킨 실타래를 풀어냈다. 파스퇴르는 먼저 보통 플라스크에 고깃국을 채워 끓인 다음, 일부는 열어둔 채로 다른 일부는 뚜껑을 덮어 식도록 놔두었다. 며칠이 지나자 뚜껑을 덮지 않은 플라스크에서는 미생물이 자랐지만, 입구를 막은 플라스크에는 미생물이 전혀 생기지 않았다. 이로써 공기에 있는 미생물이 고깃국을 오염시키는 주범이라는 확신을 갖게 된 파스퇴르는 목이 긴 플라스크에 고깃국을 넣고 목을 S자 모양으로 구부렸다. 그러고 나서 이 플라스크에 있는 내용물을 끓였다 식혔다. 플라스크에 있는 고깃국에서는 몇 달이 지나도 아무런 생명의 징후가 보이지 않았다. 파스퇴르의 독창적인 실험 장치의 핵심은, 생명력이 있다고 여겨지는 공기는 플라스크로 자유롭게 들어가지만, 공기에 있는 미생물은 구부러진 목 부위를 넘어갈 수 없게 했다는 점이다. 다시 말해서 공기는 확산되지만 미생물은 중력을 거슬러 올라갈 수 없기 때문이다. 하찮아 보이는 미생물조차도 생명력과 같은 신비로운 힘에서 기원하는 것이 아님이 명확해졌다. 지금으로서는 허무맹랑한 자연발생설 논쟁이 끝나는 데에 거의 200년이 걸렸다. 생각해보면 2,000년 이상 뿌리를 깊게 내렸던 고정관념을 깨는 데 걸린 시간치고는 그렇게 오래 걸린 것도 아니다.

　　　　　　　　　　　　　　　　다시 생명을 묻다

현실로 다가온
인간 유전체 합성

2016년 5월에는 미국 하버드 대학교에서 전 세계 과학자와 기업인, 법률가 등 150여 명을 초청하여 인간 유전체 합성 연구에 관한 비공개 회의를 열었다는 사실이 언론을 통해 공개되었다. 당초 이 모임 주최 측은 이번 회의 참석자들에게 회의 사실을 비밀에 부칠 것을 요구했다. 그런데 비공개 회의 방침에 반발한 일부 참석자들이 이 사실을 공개하면서 큰 논란과 비판을 일으켰다. 이 회의 초청장에는 이 사업의 궁극적인 목표가 10년 안에 인간 유전체를 완벽하게 합성하는 것이라고 명시되어 있었다고 한다. 초청을 받았지만 회의에 불참했던 일부 학자들은 "아인슈타인의 유전체를 합성하는 것이 과연 옳은 일인가. 가능하다면 누가 할 것이며, 얼마나 많이 복제할 것인가"라며 윤리 문제를 제기했다. 논란이 커지자 회의 주최 측에서는 "이 사업의 목표가 인간을 창조하려는 것이 아니라, 세포 차원에서 유전체 합성 능력을 향상해 동물과 식물, 미생물 등에 적용하려는 것"이라고 해명했다. 그리고 연구 내용이 학술지 발표를 앞두고 있었기 때문에 불가피하게 비공개로 진행할 수밖에 없었고, 윤리 문제도 충분히 논의되고 있다고 덧붙였다.

두말할 나위 없이 현대는 과학의 시대이다. 과학은 2개의 요인, 기술과 미래를 보는 비전guiding vision에 힘입어 발전한다. 기술이 없으면 과학은 한 걸음도 앞으로 나아갈 수 없다. 그러나 기술만으로는 우리가 어디로 가고 있는지, 아니 어디로 가야 하는지를 알 수 없다. 시인의 말을 패러디하면, '기술은 나아가지만 어디로 가는지 모른다'. 비전이 절실한 이유이다. 생명과학의 비약적인 발전이 자연은 물론이거니와 과학의 주체인 인간을 변형시킨다는 점에서, 생명과학은 미래 과학의 주도권을 선점하고 있다. 좁게는 제반 학문에, 넓게는 사회, 문화, 문명 그리고 자연 전체에 상상할 수 없을 정도로 크나큰 영향력을 미치게 된(될) 생명과학은 이제 미래를 보는 비전을 확고하게 재정립할 필요가 있다. 생명과학은 타 학문들과 함께 과학의 비전을 성찰해야 한다. 바다처럼 넓고 깊어야만 큰 배를 띄울 수 있듯이, 현재의 영향력과 미래 잠재성에 비추어볼 때, 생명과학은 이제 학문 간 벽을 넘어 다른 학문들과 만날 준비가 이미 되었으며 또한 만나야만 한다. 상대 학문의 편에서도 생명과학과의 만남은 필요하다. 가장 활력적인 지적 영역과의 창조적인 조우를 통해서 학문의 현실성과 미래를 담보할 수 있기 때문이다.

다시 생명을 묻다

〔철학〕

합성생물, 생물인가 물인가?

합성생물에 대한
질문, 느낌, 지각, 그리고 앎

김종우

명지대학교 방목기초교육대학 객원교수
연세대학교 연합신학대학원 강사

'합성생물'이라는
새로운 경험에 대해 질문하기

"합성생물合成生物은 생물生物인가, 물物인가?" 어쩌면 동어반복 같아 보이기도 하고 진부해 보이기도 한 질문이지만, 합성생물학을 고민하는 독자들에게 한 번은 묻고 싶은 질문이다. 아마도 대부분의 독자들은 "당연히 생물이지요. 그래서 합성물이라고 하지 않고 합성생물이라고 하지 않나요?" 하고 되물을 것도 같다. 물론 어떤 분들은 질문의 의도를 간파하고 가만히 미소만 짓고 계실지도 모르겠다. 그렇다면 조금 더 의미를 명확하게 드러내기 위해서 이렇게 질문해보면 어떨까? **"생 - 물, 곧 살아 - 있는 - 것은 과연 합성될 수 있는 것인가?"** (이 글에서 필자는 붙임표(-)를 사용하여 우리의 일상 속에서 부지중에 사용되는 단어들에 대한 '낯설게 하기defamiliarization'를 시도하였다. 예컨대 '생물'이라는 단어가 가지는 의미의 층위들과 다의성을 드러내기 위하여 '살아 - 있는 - 것'이라고 표기한 것과 같다. 한국어로 '생물'은 분명 명사이므로 '어떤 - 것'으로 표기하는 것이 옳겠지만, 과연 '살아 - 있는'이 '어떤 - 것'이라는 의미 안에 포획될 수 있는 것인지는 독자들과 함께 생각해보고자 한다. 덧붙여, '살아 - 있는'이라는 표기는 마찬가지로 존재론적 질서, 곧 '있음'의 질서 안에 '산다'라는 동사가 포획될 수 있는지에 대하여 독자들과 함께 그 통찰을 나누고 싶었기 때문이다.) 이 질문에 대해서도 "생물을 합성하는 학문이니까 합성생물학이라고 하는 것이 아닌가요?" 하면서 더욱 헷갈려하신다면, 마지막으로 질문을 이렇게 바꿔보면 어떨까. "2010년 《사이언스》에 실린 크레이그 벤터 박사가 이끄는 연구진들이 발표한 논문의 제목이 '화학적 합성 유전체에 의해 조절되는 박테리아 세포의 창조'[1]였는데 과연 그들이 한 일이 살아 - 있는 - 것을 창조한 것이었을까?" 이쯤 되면 질문의 의도를 알고 있다고 생각했던 독자 분들도 "괜히 트집을 잡으려는 것이 아닌가?" 하고 생각하실 수도 있겠다. 하지만 "그러고 보니 왜 벤터 박사는 생물의 '합성'이 아니라 '창조'라고 표현했을까?" 하는 의문이 생기신다면 그것으로 충분하다. 우리가 '합성생물학'과 관련하여 한 번쯤은 짚고 넘어가야 할 문제가 바로 이 문제이기 때문이다.

이제 또 다른 각도에서 질문을 해보자. "벤터 박사와 연구진들은 그들의 성과를 발명invention이나 혁신innovation으로 표현하지 않고 왜 창조creation라고 표현했을까? 그것은 적절한 표현이었을까?" 만약 어떤 전자공학자가 세상에 전혀 존재한 적이 없었던 '것'을 만들어냈다면 당연히 그는 자신의 업적을 발명이라고 표현했을 것이고 그러한 발명이 상업적인 이익과 연결된다면 혁신이라는 말을 사용했을 것이다. 그런데 실제로 벤터 박사가 한 일은 "무無로부터(from the scratch)" **살아 - 있는** - 것을 '창조'한 것이 아니라 살아 - **있는** - **것**의 한 구성 요소인 유전체를 인공적으로 '합성'하여 살아 있는 세포에 거부반응 없이 주입한 후 세포가 한동안 살아 - 있음을 확인한 것이었다. 그리고 벤터 박사는 이 연구 업적을 가리켜 창조라고 표현했던 것이다. 그는 왜 자신의 업적을 창조라고 이름 붙였을까? 이후 그는 이 논문을 통해 전 세계적인 주목을 받았다. "드디어 인간이 살아 - 있는 - 것을 창조했다"라는 자극적인 메시지는 합성생물학이라는 분야를 수많은 사람들의 머릿속에 각인시켰다. 하지만 이 이야기를 서두에 꺼내는 이유는 한 사람의 야망이나 전략 혹은 희망에 대해 추측하기 위해서가 아니라, "과연 우리가 그러한 연구 업적을 달성한다면 논문의 제목을 어떻게 붙일 것인가"를 독자들로 하여금 생각해보도록 하기 위해서였다.

이제 우리 자신에게 한번 질문해보자. "내가 이러한 업적의 당사자였다면 그것을 창조라고 표현하는 것이 좋았을까? 아니면 발명이나 혁신이라고 말하는 것이 좋았을까?" 곰곰이 생각해본다면 엄밀하게는 세 개념 모두 적절한 표현이 아니라고 느낄지도 모른다. 왜 그럴까? 그러한 표현상의 어려움은 어디서 오는 것일까? 그것은 바로 글의 서두에서 제기했던 첫 번째 질문, 곧 "합성생물은 생물인가, 물인가?"라는 질문에 대답하면서 이미 우리들이 어떠한 어려움을 '느끼고' 있기 때문이다. 합성생물이라고 하니 당연히 생물이라고 해야 할 것 같은데, 합성이라는 말이 생물이라는 말과 함께 쓰이기에는 어딘지 모르게 어색하기 때문이다. 그것은 상식적

다시 생명을 묻다

인 언어의 용례상 '합성'이라는 단어는 일반적으로 '생물'보다는 '물'과 결합해 '합성물'과 같이 사용되어왔기 때문이다. 어떤 경우에는 그 어색함의 간격이 '합성생명'이라는 표현과 같이 더 강조되는 경우도 있지만,[2] 어쨌거나 그 어색함의 진원지는 우리가 일상생활 속에서 세계를 경험함으로써 얻어왔던 상식적 개념이나 심상이 합성생물학의 담론이 우리에게 주고 있는 언어적 의미들과 서로 조화를 이루지 못하고 있기 때문이다. 다시 말해 우리의 일상 언어 속에는 벤터 박사가 성취한 것과 같은 살아-있는-것에 대한 새로운 경험을 정확히 이해할 수 있는 개념이 아직 부재한 것이다. 그러므로 우리는 질문해야 한다. "합성생물은 생물인가, 물인가?"

우선은 느껴보기

　　　　　　근래 들어 나타난 '합성생물학'이라는 말에는 살아-있는-것에 대한 '기계로서의' 이해가 전제되어 있으며 인간의 공학기술적인 능력과 호응하고 있다. 하지만 우리의 일상생활에서 생물에 대한 경험과 기계에 대한 경험은 여전히 혹은 아직은 전혀 다른 느낌으로 우리에게 다가온다. 이 두 경험을 우리가 어떻게 느끼는지 구분하기 위하여 느낌을 단순하게 두 가지로 구별해

보자.[3] (1) 하나는 배고픔이나 갈증과 같은 '지향적 느낌'으로 음식과 같은 수단을 통해 문제를 해결하거나 목적을 성취하도록 우리를 충동하는 느낌이다. (2) 다른 하나는 불안이나 피로감과 같은 '비지향적 느낌'으로 어떠한 원인의 결과로서 발생하지만 뚜렷한 실체를 지향하지 않는 하나의 상태로서의 느낌이다.

　이렇게 느낌을 지향적 느낌과 비지향적 느낌으로 구별할 때 우리의 일상적이고 구체적인 삶의 경험 속에서 생물에 대한 경험과 기계에 대한 경험은 각각 어느 정도의 영역에서 다가올까? 근래 들어 인간의 지성을 모방한 인공지능이 비약적으로 발전하고 있고 인간과 기계가 하나로 결합되어가는 트랜스휴머니즘의 시대가 도래하면서 조금씩 그 느낌의 경계가 흔들리고 있는 것은 사실이다. 하지만 여전히 혹은 아직은 기계에 대한 우리의 느낌이 지향적 느낌 곧 인간의 필요나 수단으로서 거기에 '있는 – 것'으로서 다가오는 반면, 생물에 대한 느낌은 지향적 느낌만으로 소진되어지지 않는다. 물론 생물을 전적으로 기계와 동일한 것으로 보거나 기계를 새롭게 탄생한 생물과 똑같은 것으로 볼 수만 있다면 그 느낌의 경중이나 성격이 전혀 달라질 수 있을 것이다. 하지만 필자와 마찬가지로 그저 '있는 – 것'과는 다른, 지향적 느낌만으로 소진되지 않는 '살아 – 있음'에 대한 비지향적 느낌이 여전히 혹은 아직은 우리 안에 남아 있는 독자들도 많을 것이다. 우리의 삶 속에서 진정한 위안과 참된 동료의식을 불러일으키는 '함께 - 있음'의 느낌은 대부분 지향적 느낌과 비지향적 느낌이 혼재된 것으로서 우리에게 다가오기 때문이다.

더불어 우리가 무엇인가를 느낄 때 그 느낌은 우리의 의식적 자각의 이면에서 무의식적으로 발생한다. 느낌의 발생을 의도적으로 제어하는 것이 어느 정도의 훈련을 통해서 가능해질 수는 있겠지만 자연적으로 일어나는 감정을 우리의 이성이나 의지를 통해 전적으로 제어하는 것은 불가능한 일이다. 그래서 고전적인 인간의 정신요소론*에서도 이성이나 의지와 구별해 감정을 다루어왔으며, 철학이나 신학의 역사에서도 끊임없는 합리주의 일변도의 학문 풍토에도 불구하고 이성적으로만 '처리해버릴 수 없는' 감정의 자리는 늘 남아 있을 수 있었다. 아무튼 이러한 역사의 교훈은 우리가 생물을 단순한 기계로서 보고 환원론적으로 생각하고자 애써 노력한다고 하더라도, 살아 - 있는 - 것과 있는 - 것에 대한 인간의 미묘한 감정의 차이가 그들을 구별하고 있다는 것을 말해준다. 비록 어떤 이들의 주장처럼 '생물은 기계이다'라는 말이 증명되는 날이 오게 될지도 모르겠지만, 적어도 지금 우리에게 있어서 생물에 대한 경험과 기계에 대한 경험은 분명 서로 다른 느낌으로 다가온다는 사실로서 충분하다.

* 인간의 정신요소에 대한 학설을 말한다. 일반적으로 지知, 정情, 의意로 논의되었으며, 어느 정신요소를 주된 것으로 여기느냐에 따라 합리주의, 주정주의, 의지주의적 경향으로 구분될 수 있을 것이다. 사상사 속에서 이러한 정신요소에 대한 편중의 역사는 현대적 인간론의 환원주의적 경향을 이해할 수 있는 하나의 실마리를 우리에게 제공해준다.

이러한 느낌의 잔존은 MIT와 하버드 대학교가 후원하는 합성생물학 웹사이트에 올라와 있는 그 분야에 대한 정의를 살펴보아도 분명하게 드러난다. "합성생물학은 새로운 생물학적biological 부품들, 장치들, 시스템들을 설계하고 구성하거나 유용한 목적들을 위하여 존재하는 자연적인 생물학적 시스템들을 재설계하는 분야이다."[4] 이와 같이 최대한 공학적인 관점에서 합성생물학을 정의하고자 하더라도 여전히 '살아-있음bio'이라는 개념 없이는 이 분야를 정의하기가 힘들다는 것을 알 수 있다.[5] 그러므로 우리에게 있어서 합성생물은 여전히 혹은 아직은 단순히 있는-것만이 아니라 살아-있음으로서의 느낌을 담지하고 있다. 그러므로 지금 우리의 느낌에서 본다면 살아-있는-것을 있는-것과 동일한 수준에서 '공학적 처치'를 감행하는 분야라고 말할 수 있을 것이다.

여기서 의도적으로 '공학적 처치'라는 말을 쓴 것은 합성생물학이 일반인들에게 주는 어떠한 반감ressentiment을 표현하고자 함이다. '공학적'이라는 말이 인간이 생물을 합성한다는 의미를 가지는 '합성생물학Synthetic Biology'이라는 말에서는 잘 드러나지 않는다. 하지만 이 말이 하나의 브랜드 네임으로 결집되기 이전에 이 분야의 연구자들이 초점을 맞추고 있었던 연구의 영역과 방식에 따라 그들의 활동을 구성생물학Constructive Biology, 자연공학Natural Engineering, 합성유전체학Synthetic Genomics, 생물공학Biological Engineering 등으로 불러왔다는

다시 생명을 묻다

것을 안다면, '공학적 처치'라고 표현한 이유를 쉽게 이해할 수 있을 것이다.

막스 셸러Max Scheler는 반감을 "다른 누군가의 가치와 관련된 질적인 특성들에 대하여 충돌하는 느낌이 지속되는 것"[6]이라고 말했다. 여기서 중요한 것은 반감이라는 감정이 '가치'와 관련된 느낌이라는 것이다. 이를 합성생물학에 적용해본다면, 합성생물학에 대한 반감은 살아–있는–것을 있는–것과 동등한 선상에 두고 동일한 공학적 대상으로서 '처리'하는 것은 '살아–있음'의 질적 가치를 고려해볼 때 합당한 처사가 아니라는 우리의 심적 충돌에서 연유하는 것으로 볼 수 있다. 이러한 반감은 우리가 합성생물학에 대해서 일반인들이나 심지어 생물학을 전공했던 사람들에게 설명할 때도 직접 경험해볼 수 있는 일이다. 합성생물학에 대한 반감은 대부분의 경우 살아–있는–것에 대한 '부당한' 취급을 자기 자신에 대한 것과 같이 여기거나, 합성생물학이 생물이나 생태계에 미치는 위험한 요소들을 우리들이 동일하게 공유하는 위험으로 받아들이기 때문에 발생하는 경우가 많았다. 결국 합성생물학에 대한 반감이란 실상 '살아–있음'에 대한 공감이었던 것이다.

그렇다면 우리는 생명에 대한 공감 안에서 합성생물학에 대한 반감을 어떻게 소화해낼 수 있을까? 그러한 느낌들을 일방적으로 무시하거나 묵살하기보다는 이를 충분히 인지하고자 노력하는 편이 훨씬 더 나은 길일 것이다.[7] 그러한 느낌들을 인지하는 것은 우리가 우리 자신에 대해서 알게 하는 동시에, 왜 우리가 그것을 원하지 않는 느낌이 드는지에 대해서도 다시 한 번 생각해볼 수 있도록 우리를 인도하기 때문이다. 우리가 애써 외면했던 진실들이 '느낌들'을 통해 드러나고 우리의 양심을 두드려왔다는 것을 우리는 알고 있지 않은가? 그러면 이제 그러한 느낌들과 함께 우리의 논의를 느낌에서 앎의 영역으로 조금만 더 밀고 나아가보자.

느낌 알지?:
'살아-있음'에 대한 지각의 현상학

앞에서 우리는 생물과 기계에 대한 느낌의 차이를 생각해보면서 합성생물학에 대해 우리 의지와 상관없이 발생하는 느낌에 대해서 살펴보았다. 여기서는 그러한 '느낌의 영역'과 다음에 다루게 될 '앎의 영역'을 잇는, 그 사이에 위치한 영역을 다루어보고자 한다. 특히 그중에서도 우리의 의식에 '살아-있음'으로서 주어지는 현상에 대한 지각에 대해 생각해볼 것이다. 혹시 지각이라는 말이 조금 어렵게 느껴진다면, '느낌 알지?'나 '감 잡았니?'와 같은 유행어들을 떠올려보는 것도 좋겠다. 이 문제를 구체

다시 생명을 묻다

적인 질문으로 바꿔보면 다음과 같다. "우리는 어떻게 '살아 - 있음'을 지각하는가?"

　논의를 쉽게 하기 위하여 장면 하나를 상상해보자.[8] 캄캄한 시골 저택에 혼자 사는 남자가 있었다. 밤늦은 시간까지 친구들과 시간을 보낸 후 그는 집으로 돌아가기 위해 차를 운전해 캄캄한 시골길을 혼자서 1시간 동안이나 달려갔다. 이윽고 자동차 헤드라이트 빛을 통해 저택의 모습이 보이지만 주변은 풀벌레 소리조차 들리지 않는 캄캄한 적막감뿐이다. 자동차를 내리면서 남자는 생각했다. '이 넓은 공간에 나 혼자뿐이구나.' 마당에 주차를 한 후 남자는 대문을 열기 위해 손전등을 들고 뚜벅뚜벅 문 쪽으로 걷기 시작했다. 그리고 대문에 이르러 열쇠를 꺼내다가 대문의 한쪽 구석에 작고 까만 물체 하나가 붙어 있는 것을 발견했다. 남자는 더러운 물체라고 생각해 그것을 제거하기 위해 손을 가까이 대려는 순간, 가만히 웅크리고 있던 거미 한 마리가 남자의 손이 가까이 오는 것을 느끼고는 갑작스럽게 움직이기 시작했다. 남자는 소스라치게 놀라 하마터면 뒤로 넘어질 뻔했다.

　우리는 이 장면에서 남자가 살아 - 있는 - 것은 자기밖에 없다는 적막감 속에서 무엇인지 알지 못하는 어떤 - 것에게 손을 뻗다가 갑작스럽게 그것이 살아 - 있는 - 것으로 전환되는 순간의 느낌이 어떠했는지를 충분히 공감할 수 있을 것이다. 남자의 의식 안에서 이러한 갑작스러운 전환은 어떻게 일어났던 것일까? 이러한 순간은 있는 - 것에 대한 느낌이 살아 - 있는 - 것에 대한 느낌으로 갑작스럽게 전환되는 찰나인 동시에, 아직은 '알지 못하던' 어떤 - 것이 갑자기 살아 - 있는 - 것으로서 '알려지는' 순간이다. 이처럼 지각은 우리의 느낌과 앎 사이 어딘가에서 불현듯 나타난다. 그러면 도대체 우리는 어떤 - 것이 살아 - 있다는 것을 어떻게 알 수 있는 것일까? 질문의 각도를 살짝 바꿔서 다시 질문해보자. "어떤 살아 - 있는 - 것은 우리에게 어떻게 나타나는가?" 혹은 "하나의 살아-있는 관찰자로서의 우리에게 그것이 어떻게 주어지는가?" 결국 이러한 질문들을 총합하여 한마디로 말하면 다음과 같다. "나는 어떤 - 것이 살아 - 있다는 것을 어떻게 볼 수 있는가?"'

하지만 이 질문에 대답하기에 앞서, 이와 같은 질문들에 대하여 누군가는 그러한 현상학적인 사유방식은 비과학적이므로 합성생물학의 영역과는 상관이 없는 것이라고 지적하고 싶을지도 모르겠다. 어떤 '객관적인' 사실을 설명하기 위하여 '나'의 경험적 주관성을 강조하는 탐구방법은 과학에는 낯선 것처럼 여겨지기 때문이다. 아마도 그는 가장 기초적인 지각들만이 믿을 만한 것이지만 이조차도 모든 면에 있어서는 확실한 지식의 토대가 될 수 없고, 오직 실험기구나 관찰기구 등을 통한 측정과 관찰만이 과학적 정당화를 위한

　　　　　　　　　　　　　다시 생명을 묻다

핵심이라고 여길지도 모르겠다.[10]

하지만 지금 우리는 어떠한 '과학적' 판단을 내리고자 하는 것이 아님을 상기하자. 대신 우리의 의식적 경험 안에서 어떤 – 것이 우리에게 살아 – 있는 – 것으로 알려지는 지각의 순간에 대해 살펴보자는 것이다. 특히 그러한 지각의 주체가 바로 우리 자신이라는 것에 독자의 주목을 요하면서, "어떻게 우리의 의식 속에 '살아 – 있음'이 하나의 현상으로 주어지며 지각되는가?"라는 물음을 묻고 있다. 우리가 이러한 물음을 진지하게 생각하고 그에 대한 나름의 대답을 해보는 것은 합성생물학과 아무런 상관이 없는 일이 아니라, 한 합성생물학자가 위로의 접근을 통해 최소한의 '살아 – 있는' 세포, 곧 '최소 생명체'의 합성이 성공했음을 판단할 때나, 아래로의 접근을 통해 인공 유전체를 합성하여 이식한 후 그것이 '살아 – 있다'라고 판단할 때에도 동일하게 적용되는 일이다.[11] 또한 우리가 얼린 수정란이나 식물의 씨앗 또는 바이러스가 살아 – 있다고 느끼거나, 오랜 세월을 병상에 누워 지낸 식물인간이 진짜 살아 – 있는지를 판단할 때에도 마찬가지로 동일하게 적용될 수 있는 물음이다.

더구나 인간의 의식에 주어지는 현상을 살피는 이러한 방법은 자연과학과 마찬가지로 관찰이라는 인간의 경험을 중시하는 것이기도 하다. 이러한 방법은 과학자가 자신의 지각을 통해 경험하고 해석하거나, 기구를 통해 경험하고 해석하는 바로 그 경험이다. 곧 대상과 주체 사이에 드러나는 현상의 경험을 우리 자신이나 세계에 관한 모든 합리적인 주장의 정당화를 위한 원천으로 삼는다. 물론 우리 모두가 전문적인 현상학자가 될 필요는 없겠지만, 합성생물학을 수행하면서 '살아 – 있음'이라는 사건을 경험하고 이해한 후 합리적으로 판단하여 책임 있는 행위를 선택하는 일련의 과정을 각자의 의식 자료에 주어지는 것에 대한 관찰을 통하여 분별할 수 있다는 사실은 무척이나 중요한 일이다. 이러한 인지 과정은 우리가 이 책의 다른 곳에서 살펴보았던 합성생물학에 대한 다양한 정보들을 독자들이 읽어나가면서 "이것이 무슨 말이지?" 하고 나름대로 이해하고 "그것이 과연 옳은 일인가?"를 물으며 윤리적인 옳고 그름을 판단할 때나, 정책적으로나 윤리적으로 올바른 행동을 선택하는 데에도 깊은 영향을 미친다.

하지만 일상적으로 우리는 각자의 의식 현상 자체에 대하여 별다른 반성을 하지 않은 채로 살아간다. 특별한 반성적 노력을 하지 않는 한 우리는 자신의 경험함을 경험하지 않으며, 자신의 이해함을 이해하지 않으며, 자신의 판단함을 판단하지 않으며, 자신의 선택함을 선택하지 않기 때문이다. 현상학의 시조인 에드문트 후설 Edmund Husserl의 표현을 빌리자면, 우리는 "세상 속에 직접적으로 산다". 그러므로 우리는 '살아 – 있음'을 지각하면서도 지각함 그 자체

다시 생명을 묻다

에 대해서는 신경 쓰지 않는다.[12]

우리의 느낌과 앎 사이의 어딘가에서 작용하는 지각이라는 것은, 이미 우리가 과거에 받은 교육의 영향하에서 문화와 사회적 가치의 투영하에서 지배적 담론이 우리의 무의식 안에서 규범적으로 작용하는 영향하에서 지금도 작동하고 있는 것이다. 지각에 영향을 미치는 개념과 범주는 사회적이고 역사적인 영향과의 역동적인 상호작용 속에 있기 때문이다.[13] 앞으로의 인류 문명이 자연적 느낌과 규정적 앎 사이에서 '살아 – 있음'에 대한 어떠한 지각의 변화를 일으킬지는 미지수이지만 현 상태로 나간다면 살아 – 있음의 지각 안에 인간의 자기중심적 지배 의식이 더욱 강화되고 살아 – 있음에 대한 지각의 자연성과 타자성이 점차 이탈될 수 있다.

다시 본론으로 돌아가자. 그리고 현상학적 방법의 권유를 따라 우선은 유물론이나 생기론과 같은 살아 – 있는 – 것에 대한 어떠한 형이상학적 판단도 유보epoche하면서 의식에 주어지는 현상 그 자체에 집중해보자. 그때 우리는 혼자 사는 남자의 이야기와 같이 어떤 – 것이 순식간에 살아 – 있는 – 것으로서 나에게 지각되는 순간을 떠올릴 수 있다. 이 문장에서 특히 '으로서'와 '나에게'를 주목하자. 살아 – 있는 – 것이 그 자체로가 아니라 바로 살아 – 있는 – 것 '으로서' '나에게' 나타나 보인다는 것이다. 그리고 그렇게 나에게 어떤 –

것이 살아 – 있는 – 것으로서 갑작스럽게 전환되는 순간은,[14]

첫째로, '나'의 자기중심성으로만 보던 유아독존唯我獨存의 세계가 내가 결코 그의 관점에서 이해할 수 없는 갑작스러운 '너' 곧 타자의 출현으로 붕괴되는 순간이라고 할 수 있다. 오직 나만 – 있는 줄 알았으나 살아 – 있는 나와 마주한 또 다른 살아 – 있는 너의 세계가 나의 세계 안으로 침범해 들어오기 때문이다. 그러므로 너는 또 다른 세계의 창조자로서 내 앞에 나타난다.

둘째로, 살아 – 있는 – 것이 그 자체로의 자발적 중심으로서 나의 자발적 중심과의 관계 맺기를 형성하는 순간이다. 내가 경험하듯 그도 경험하고 내가 선택하듯이 그도 선택한다. 물론 우리가 거미의 행동을 어느 정도 예측할 수는 있겠지만 결코 거미의 '자발적 중심'의 자리에 대신해서 들어갈 수는 없다는 의미이다.

셋째로, '현재'가 시간의 축에서 연장됨이 없이 그저 사라져버리는 연대기적 시간chronological time이 아니라, '현재'의 시간이 지연되고 시간 자체가 경험되는 지속duration의 중심으로서 살아 – 있는 타자가 나의 앞에 출현하는 순간이다. 결국 '너'는 '내'가 접근할 수 없는 자체적 의미와 자기동일성을 담지한 채 '나'에 대한 관찰자로서 피관찰자인 '나'에게 반응하며 살아 – 움직인다. 너와 나, 곧 우리는 함께-살아-있기에 서로 관계 맺기 할 수 있는 '지속의 중심'으로서 서로에게 드러난다. 적어도 현재의 우리 의식은 그러한 요소들이 현상적으로 주어질 때 어떤-것을 살아-있는-것으로서 지각하게 된다.

하지만 우리에게는 또 하나의 중요한 질문이 남아 있다. "어떻게 우리는 나의 몸 밖에 있는 대상의 살아-있음을 의식할 수 있는 것일까?" 나의 살아-있음은 어떤 대상에 대한 지향성이 아닌 의식 자체로서 가능하다고 하더라도, 나와 전혀 상관없는 타자로서 분리된 너의 살아-있음은 도대체 어떻게 지각될 수 있는 것일까? 이에 대한 대답은 나의 의식에 주어지는 현상에 대상이 살아-있음을 암시하는 어떤 특정한 상태나 요소가 나타날 때 우리가 그것을 나의 살아-있음과의 '연관 속에서' 그것을 살아-있음으로서 지각한다고 말할 수 있을 것이다.[15]

이는 한 합성생물학자의 합성생물에 대한 살아-있음의 판단이 어떤 절대적인 선언이 아니라, '함께-살아-있는' 나와 너 사이의 관계성 안에 놓여 있는 경험의 재인식 속에 있는 것임을 의미한다. 이는 나에 대한 살아-있음을 의식하지 못할 때 너에 대한 살아-있음의 재인식 또한 일어나지 않는다는 것을 뜻한다. 결국 나의 살아-있음에 대한 의식 없이 우리는 어떤-것의 현상을 살아-있음으로서 지각할 수 없기 때문에 우리는 살아 – 있는 – 것들의 존재론적 연쇄고리를 통해서만 살아 – 있음을 지각할 수 있는 것이다.[16]

이제 '살아 – 있음'의 현상학을 통해서 우리가 처음 제기했던 질문인 "합성생물은 생물인가, 물인가?"에 대한 대답을 새로운 차원에서 이해해 볼 수 있게 된 것 같다. 그것은 나의 살아 – 있음에 대한 의식과의 연관 안에서만 그것이 '물'이 아닌 '생물'로서 비로소 지각된다는 것이다. 이러한 나와 너 사이의 살아 – 있음의 '공감적 지각'은 합성생물의 생명성에 대한 판단이 곧 나의 생명성에 대한 판단이라는 것을 깨닫게 해준다.

하지만 오늘날 합성생물학이라는 인간의 행위는 생명에 대한 공감적 지각에 있어서 어느 정도의 위치에서 진행되고 있는 것일까? 살아 – 있음에 대한 느낌과 앎 사이에서, 우리의 지각은 고정된 것이 아니라 지금도 끊임없이 변화되고 있으므로, 합성생물학이라는 인간의 새로운 행위에 대한 진지한 반성은 반드시 필요한 일인 것이다.

다시 생명을 묻다

앎의 두 얼굴:
'그런 것이다'와 '그렇게 본다'

　　　　　'살아-있음'의 현상학을 통해서 우리는 지각의 중요성에 대해 생각해볼 수 있었다. 그리고 그러한 지각을 축으로 살아-있음에 대한 느낌과 앎의 관계에 대해서도 생각해볼 수 있었다. 특히 "합성생물은 생물인가, 물인가?"에 대한 판단이 곧 우리 자신의 살아-있음에 대한 내적 의식과 연계된 판단이라는 통찰은, 합성생물의 생명성에 대한 무감성이 곧 우리 자신의 생명성에 대한 무감성과 상관된다는 것을 깨닫게 해준다. 이제 우리의 지각에 영향을 끼치는 또 다른 축인 '앎'을 생각해보자.

　　앎이란 무엇인가? 무엇보다 앎이란 것은 규정하는 행위라고 할 수 있다. "나는 저것이 살아-있는-것임을 안다"라고 말할 때 살아-있는-것에 대한 선행하는 규정이 그러한 사태를 포섭하고 규정의 경계 안으로 이끌고 들어오기 때문이다. 하지만 이러한 '이끌고 들어옴'은 우리 인식 행위의 근거이기는 하지만, 종종 무분별한 인식 안에서 폭압적으로 '모름'을 배제해버리는 '앎의 횡포'가 일어나기도 한다. 물론 독자들은 우리의 느낌과 지각을 다룬 앞의 내용들에서 그러한 '앎의 횡포'로부터 벗어날 수 있는 작은 가능성을 보았을 것이다. 우리가 의식의 지향성 안에서 무엇을 '무엇-으로서'

본다고 했던 표현을 다시 떠올려보자. '무엇은 무엇이다'라는 말과 '무엇을 무엇으로서 본다'라는 말의 미묘한 차이 속에는 우리의 의식전환을 위한 중요한 함의가 담겨 있다.

먼저 여기서 '본다'라는 표현은 단순히 '있는-그대로'를 '그것은 그런 것이다'라고 정의definition하는 행위가 아니라, 무엇을 무엇으로서 해석interpretation하는 행위로서 '그것을 그렇게 본다'라는 뜻이다. 합성생물학의 경우에 적용해본다면, '생물은 기계이다'가 아니라 '생물을 기계로서 본다'라는 말이다. 그런데 통상적으로 우리는 이러한 인간의 인식의 한계를 잘 깨닫지 못하기 때문에 유물론적 환원주의와 관념론적 환원주의의 대립과 같은 열매 없는 논쟁을 하게 된다. 그리고는 인간이 생물을 합성한다는 행위가 우리에게 매혹적으로 지시해주는 존재론적 의미인 기계론적 환원주의 안에서 인간 자신의 자기이해마저도 규정하게 되는 불행한 일이 벌어지게 되는 것이다. '인간'이라는 우리 자신에 대한 규정 개념이 '생물'이라는 더 넓은 영역에 포섭됨으로써 자칫 '생물은 기계이다'라는 말이 '인간은 기계이다'라는 말로 이어지게 되고, 인간의 마음속 깊은 곳에서 허무의 심연을 열어젖히게 만든다.

물론 오늘날의 진지한 철학적 작업은 형이상학을 구성해내는 인간 주체의 인식적이고 인지적인 중요성을 민감하게 받아들이고

다시 생명을 묻다

있다. 하지만 문제는 이미 인간이 구성한 형이상학적 전제 위에 성립된 자연과학의 영역에서는 이러한 인문학적 통찰들이 대개의 경우 무관한 것으로 여겨지고 있다는 점이다. "전문성을 얻고 전인성을 상실한다"라는 분과학문으로서의 근대학문의 한계가 오늘도 여실히 작용하고 있다.[17] 특히 현대문명의 향방을 주도하고 있는 과학기술의 영역이 이러한 인문학적 통찰들로부터 격리된 채 단순한 정치논리나 자본논리만을 통해서 독주하고 있는 것은 인류 전체의 공동선을 위해서도 올바른 일이 아니다. 다행히도 이러한 한계를 절감한 탓에 근래 들어 문제해결 중심의 다학제적 협동이 시도되거나, 전문적으로 심화된 여러 학문들을 하나로 묶어내려는 일련의 시도가 일어나고 있다. 하지만 이 역시 최근의 '과학전쟁'[•][18]이나 에드워드 윌슨Edward Wilson이 시도한 사회생물학적 '통섭이론'[••][19]에서 보듯이 분과학문이라는 장벽을 극복하는 길은 아직도 요원해 보인다.

다시 본론으로 돌아가 '그런 것이다'와 '그렇게 본다'의 논의로 되돌아가자. 이 둘의 차이를 단순화하면 '정의하기'와 '해석하기'의 차이라고 할 수 있다. 일반적으로 생물에 대한 이론적 정의는 물질

• 과학전쟁이란 과학철학과 과학사회학 분야의 이론가들이 과학 지식은 객관적 진리가 아니며 사회문화적 조건의 영향을 받는다고 주장한 것이 빌미가 되어 과학 지식의 본질을 놓고 자연과학자와 인문학자 사이에 전쟁을 하듯 주고받는 논쟁을 가리킨다.

•• 통섭이론은 사회생물학을 중심으로 모든 학문을 통합하자는 주장을 펼친 에드워드 윌슨의 책 *Consilience: The Unity of Knowledge*를 번역자가 『통섭』으로 번역하면서 한동안 한국 사회와 언론에 유행했던 환원주의적 학문 통합 이론을 말한다.

대사나 자극반응성 또는 번식능력과 같은 현상적 특징들을 통해서 이루어지지만, 생물에 대한 보편적 정의는 아직까지 이루어진 적이 없다는 사실을 생각해보자. 우리가 살아 - 있는 - 것이라고 느끼는 모든 - 것들이 '살아 - 있는 - 것은 그런 것이다'라고 보편적으로 단정할 수 있는 말하기 방식이 부재한다는 사실에 일부 독자들은 놀랄지도 모르겠다. 하지만 이는 '정의하기'라는 인간 정신활동의 특성상 어쩔 수 없는 결과이다.

예컨대 원의 정의를 한번 생각해보자.[20] "원은 한 바퀴 돌아 자신을 만나는 선이다"와 같은 말은 '정의하기'가 아니라 '묘사하기'라는 것을 우리는 알고 있다. 대신 "원은 중심에서부터 등거리에 있는 평면 점들의 집합이다"(유클리드의 정의)와 같이 원이 '무엇'인지와 함께 그것이 '왜' 원인지를 설명해주는 것을 원의 정의라고 말한다. 하지만 살아 - 있는 - 것에 대하여 무엇 - 물음, 곧 정체 물음을 통한 '묘사하기'와 그러한 현상에 대한 어떻게 - 물음, 곧 방법 물음을 통해 요소론적으로 분석하거나 전체론적으로 설명하는 방식의 '정의하기'라면 가능할 것이다. 그러나 살아-있는-것에 대한 왜-물음, 곧 근거 물음의 차원을 포함하는 방식에서의 '정의하기'는 객관적으로 매우 어려운 일이다. 이는 원에 대한 '정의하기'의 발전사를 살펴보면 더욱 명확하게 드러난다.

다시 생명을 묻다

원에 대한 유클리드의 정의를 다시 살펴보자. 우리는 거기서 '평면'이라는 공간적 이미지 '위에' 원의 정의가 성립하고 있다는 것을 알 수 있다. 실제 세계에 존재하지 않는 '평면'이라는 추상개념에 대한 규정이 그러한 정의에 선행하고 있는 것이다. 따라서 예상치 못한 방식에서 개념이 잘못 이해되거나 심상이 왜곡되는 문제를 제거하기 위하여 '좌표평면'이라는 정량화되고 규격화된 이미지 '위에' "$x^2 + y^2 = r^2$"이라는 원의 정의가 나타났다. 이러한 정의 방식은 유클리드의 정의에서 더욱 일반화된 것이지만, 문제는 'x'와 같이 우리의 일상적인 언어체계에서 이탈된 새로운 상징체계를 통해 원을 정의하고 있다는 사실이다. 우리는 이를 더욱 일반화하여 두 축의 중심점이 고정된 것이 아니라 좌표상의 어디로든지 옮길 수 있는 방식으로, 즉 "$x^2 + y^2 + Dx + Ey + F = 0$"과 같이 '좌표평면'이라는 공간적 이미지 위에서 더욱 보편적이고 포괄적인 방식의 정의로 나아갈 수도 있을 것이다. 하지만 '원'이라는 이미지뿐만 아니라 '좌표평면' 역시 인간의 정신작용을 통하여 발생한 추상개념과 심상으로서 정의된 것이지 우리의 실생활 속에서 실재하는 것은 아니다. 이 문제에 대하여 고전형이상학은 "원의 이념이 이데아에 있다"라는 식으로 설명했지만 이러한 설명 방식이 오늘날 통용되기는 힘들다.

이렇게 볼 때 '생물은 기계이다'와 같은 방식으로 생물을 정의한다는 것은 더욱 어려운 일임을 예상할 수 있다. 살아-있는-것이란 원과 같이 우리의 머릿속에서 떠올릴 수 있는 단순한 이미지가 아니라 실제적으로 경험하고 있는 구체적이고 역동적인 현상이며, 우리 자신들이 살아-있는-것으로서 '살고-있기' 때문이다. 이것은 우리의 주관성을 떠나 우리 자신과 상관없이 단순한 객관적 대상으로서 살아-있는-것을 정의하기가 힘들다는 것을 의미한다. 비록 우리가 의도적으로나 비의도적으로 '기계'라는 대상물을 통해 형성된 개념과 이미지 '위에' 합성생물학의 대상으로서의 '생물'에 대한 정의를 생각해볼 수는 있겠지만, 그러한 생물에 대한 현대적 정의는 '해석하기'라는 인간 정신 활동의 결과로서 '그렇게 본다'라는 행위 위에 성립되고 있음을 반드시 기억해야 할 것이다.

이제 우리는 일상적 인식의 차원에서 살아-있는-것을 '그런 것이다'라고 정의하는 행위의 근저에는 '그렇게 본다'라고 하는 해석의 차원이 선행함을 알았다. 그런데 오늘날 생물에 대한 앎에서는 '그렇게 본다'라는 영역에서의 두 가지 이해가 서로 충돌하고 있다. '생명'生命이라는 표현에서도 알 수 있듯이 '살라는-명을 받은-것'[21]으로 보았던 전통적 이해와 합성생물학과 같은 현대 과학기술로 인해 나타난 새로운 이해가 충돌하고 있는 것이다. 오늘날 우리는 그러한 해석의 갈등 속에서 우리의 생명에 대한 현재적 경험을 다시금 이해하고자 몸부림치고 있는 것으로 볼 수 있다. 하지만 이와 같은 갈등의 끝에서 우리 각자가 자신의 실존 삶 한가운데서 책임감 있게 결단해야 할 시점이 그리 머지않았다는 생각이 든다. 합성생물학이 약속하는 장밋빛 미래와 함께 그 가공할 만한 위험성이 우리의 눈앞에 훌쩍 다가오고 있기 때문이다.

생명의 씨름터에서 미래를 생각하다

지금까지 우리는 '인간이 생물을 합성한다'라는 새로운 경험에 대하여 질문하고 느끼고 지각하고 알아가는 일련의 과정을 생각해보았다. 무릇 생각하기의 방식은 사람에 따라서나 대상에 따라서 다양한 길이 있을 것이고 인간의 창조성과 문화의 다양성을 위해서도 그것이 옳은 일이다. 그러므로 필자는 독자들에게 어떤 새로운 지식을 전달하기보다는 합성생물학에 관한 내용들을 다시금 생각해볼 수 있는 글쓰기를 하고자 하였다. 그와 동시에 생물을 대상으로 하는 현대인의 한 가지 행위인 합성생물학에 관하여 우리의 생각의 뿌리를 드러내고 생명에 대한 해석 행위에 있어서의 갈등을 수면 위로 드러내고자 노력하였다. 또한 '살아-있음'에 대한 우리의 앎의 근거가 사실은 생명에 대한 공감의 토대 위에 있음을 앎의 과정에 대한 고찰을 통하여 나타내고자 하였다.

우리가 특별히 생명을 어떻게 이해하면 좋은가를 고민하면서 시중에 나온 책들을 살펴보면 생명 혹은 생물을 보는 다양한 관점의 책들이 꽤 많이 있다는 것을 알게 된다. 생물에 대한 유용성의 척도에서 전적으로 실용적인 측면에서만 접근한 책에서부터, 생명윤리적인 관점에서 '앞으로 우리는 과학기술을 가지고 생물에 대해서 아무것도 해서는 안 된다'라는 느낌이 들 정도의 책까지 그 스펙트럼이 무척이나 다양한 것 같다.

이러한 다양함 앞에서 우리는 맹목적으로 특정한 입장을 옹호하기보다는 오늘날의 생명관에 심원한 영향을 미치고 있는 합성생물학이라는 분야에 대해서 정확하게 알고 스스로 충분히 숙고하는 것이 무엇보다 중요한 일일 것이다. 과학기술이 자축하는 승리의 행진에 맹목적으로 도취되지 않기 위해서라도, 타자의 '살아-있음'을 지각할 수 있는 우리의 공감 능력의 민감함을 지켜내기 위해서라도, 혹은 '앎의 횡포'로부터 우리 자신을 자유롭게 하기 위해서라도 말이다. 그리고 이는 '함께-사는' 우리의 이웃들과 자연환경을 지키고 '살아-있음'을 무엇보다 귀하게 여기는 문화와 사회를 만들어나가기 위하여 우리가 가지고 있는 강력한 힘인 과학기술을 올바른 방향으로 인도하기 위해서도 꼭 필요한 일이다.

인간의 필요를 위하여 살아-있는-것에 대하여 행사해온 힘의

다시 생명을 묻다

역사는 근대 이후 과학기술과 만나면서 비약적으로 강화되었고 이제는 '인간이 생물을 합성한다'라는 혁명적인 선언을 할 수 있기에 이르렀다. 그리고 오늘날 살아-있음의 자리에 기업들의 자본이 폭포수처럼 밀려들면서 생물 산업으로의 추동은 급물살을 타고 있으며, 그 유익함과 위험성 사이에서 국가적이고 국제적인 차원에서의 규제안들이 마련되고 있다.

이와 같은 상황을 '생명'이라는 씨름터 위에서 다양한 영역의 힘들이 서로 밀고 당기는 이미지로 상상해보면 어떨까? '씨름'이란 말은 영남지방에서 쓰이는 우리말 중에 "서로 버티고 힘을 겨룬다"라는 의미를 가지는 '씨루다'라는 말이 명사화된 것이라고 하는데,[22] 오늘날 '생명의 씨름터'에서 과학, 기술, 정치, 경제, 윤리, 종교 등 다양한 영역의 사람들이 서로를 마주한 채 씨루고 있는 것처럼 느껴진다. 이 힘겨루기는 결국 우리를 어디로 이끌어 갈 것인가?

최근 한 역사학자는 호모 사피엔스라는 종이 오늘날 가장 지배적인 위치에 이르게 된 이유는 힘을 얻어내고 결집시키는 능력이 다른 어떤 종보다 뛰어나며, 집단적으로 모일 때에도 그 힘을 경직시키지 않으면서 유연하게 사용할 수 있었기 때문이라고 분석했다. 하지만 그는 호모 사피엔스가 그 힘을 행복으로 전환시키는 능력에 있어서는 너무나 부족한 종이라고 말했다.[23]

우주에 작용하는 여러 힘들 중에서 오늘날 인류는 전자기력을 자유롭게 사용하고 핵력을 적극적으로 활용할 정도로 그 이전의 어떤 시기보다 강력한 힘들을 얻게 되었다. 하지만 과연 우리는 더 행복해졌을까? 만약 그렇지 않다면 우리가 행복한 문화와 문명을 만드는 비결은 과연 어디에 있는 것일까? 그것은 인간이 소유하게 된 '힘들'을 생명에 대한 공감지성 안에서 어떻게 조절하느냐에 달려 있는 것은 아닐까? 다시 말해서, '살아라'라는 생명生命의 힘을 무엇보다 귀하게 여기고 살아-있는-것들을 '못-살게-구는'[24] 힘을 지양해가면서 우리가 '살림의 힘'을 선택할 수 있는 그 힘이 사실은 그 어떤 힘보다 위대한 힘은 아닐까? 여기에 우리와 우리 이웃들의 행복이 달려 있는 것은 아닐까?

이제 합성생물에 대한 질문이 곧 우리 자신의 '살아-있음'에 대한 질문이었음을 상기하면서 다시 한 번 물어본다. "합성생물은 생물인가, 물인가?"

다시 생명을 묻다

주

1장
〔과학〕

1. '유전자를 정보 운반체로 간주해야 한다'라는 주장은 1944년, 슈뢰딩거의 『생명이란 무엇인가』에서 처음으로 논의된 개념이다.

2. 세균이 대사 과정에서 락토스 즉, 젖산을 에너지원으로 이용하는 과정에 필요한 효소들의 유전자가 모여 있는 부분을 뜻한다. 이 유전자들은 젖산이 있는 환경에서만 한꺼번에 발현되도록 조절된다. 즉, 이 오페론 유전자들은 환경 변화에 의해 동일한 유전자 스위치에 의해 조절받는다.

3. PCR에 관한 내용은 54-55쪽을 참고하라.

4. Cameron, Ewen D. et al, 2014, "A brief history of synthetic biology", *Nature*, 12. Origins of the Field 내용 참조.

5. 유전정보는 주로 전체를 의미하고 유전자는 개별자를 의미한다.

6. Endy, Drew, 2005, "Foundations for engineering biology", *Nature* 438, pp.449-453 내용 참조.

7. 이상헌, 2010, 〈합성생물학과 윤리적 쟁점들〉, 《생명연구》, 17, 178쪽 내용 참조.

8. PCSBI, 2010.

9. Kool, Brunsveld, Dalby et al, 2014, *Synthetic Biology: Volume 1*.

10. 김훈기, 2009, 『합성생명』 참조.

11. 송기원, 2014, 『생명』, pp.132-133 참조.

12. 이삼열, 송기원, 방연상, 2015, 〈과학기술과 위험사회 : 합성생물학의 발전과 잠재적 위협을 중심으로〉, 『위험사회와 국가정책』 중 발췌 인용.

13. 전진권·장대익, 2012, 〈합성 생물학과 성공적 융합〉, 『융합이란 무엇인가』에서 인용.

14. Venter, Craig, 2013, *Life at the Speed of Light*에서 인용.

15. 드루 엔디는 MIT에 있을 때 합성생물학적 접근을 시작하였고 2017년에는 스탠퍼드 대학교에 있다.

16. 이삼열, 송기원, 방연상, 2015, 〈과학기술과 위험사회 : 합성생물학의 발전과 잠재적 위협을 중심으로〉, 『위험사회와 국가정책』 중 발췌 인용.

17. 세계 곳곳에서 운영되고 있는 커뮤니티 랩에 대한 정보는 http://diybio.org에서 찾을 수 있다.

18. 미국의 대통령 생명윤리 연구자문 위원회 자료 참고, 2011. 12.
19. 송기원, 2014, 《생명》 p.137에서 발췌 인용.

[더 알아보기]

1. 씨 없는 수박을 처음 만들어낸 것은 우장춘 박사가 아닌 교토 대학교의 기하라 히토시木原 均라는 과학자이다. 우장춘 박사는 대중들에게 육종학의 중요성을 알리기 위해 씨 없는 수 박을 만들어 대중들에게 보여주었는데, 이 때문에 씨 없는 수박으로 유명해지게 되었다. 본인도 자신이 씨 없는 수박을 개발했다고 말한 적은 없다.
2. 우리가 현재 소비하고 있는 대부분의 토마토가 바로 이 토마토의 변형 품종들이다. 일반적 으로 알려진 '무르지는 않지만 맛이 없어서 실패한' 무르지 않는 토마토는 GMO 기술을 적 용해서 만든 것이 아닌, 돌연변이를 통해 만든 품종이다.

[신학]

1. 《사이언스》, 2005.

2장

[과학]

1. Feng, Zhen yang et al, August 2013, "Effieicnet genome editing in plants using a CRISPR/Cas system", *Cell Research*.
2. Kim Jin-soo et al, September, 2015, "DNA-free genome editing in plants with pre-assembled CRISPR-Cas9 ribonucleoproteins", *Nature Biotechnology*, 33.
3. 미래창조과학부, 2015년 10월 20일자, 〈DNA 사용 없이 농작물 유전자 교정 성공... IBS, 상추, 담배, 벼 등 적용... 종자산업 혁신 기대〉, 《BRIC》.
4. Committee on Bioethics, Council of Europe, December 3, 2015, "Statement on ge-nome editing technologies".
5. Servick, Kelly, October 11, 2015, "Gene-editing method revives hopes for trans-planting pig organs into people", *Science*.
6. Wyss Institute, October 11, 2015, "Removing 62 barriers to pig-to-human organ transplant in one fell swoop".
7. Yang, Luhan et al, October, 2015, "Genome-wide inactivation of porcine endoge-nous retroviruses(PERVs)", *Science*.
8. Allers, K. et al, 2010, "Evidence for the cure of HIV infection by CCR5 32/ 32 stem

cell transplantation", *Blood*, 117(10)ː pp. 2791 - 2799.

9. Cowan, Chad and Derrick Rossi et al, November, 2014, "Efficient ablation of genes in human hematopoietic stem and effectors cells using CRISPR/Cas9", *Cell Stem Cell*, 15, pp.643-652.

Colen, B. D., November 6, 2014, "A promising strategy against HIV", *Harvard gazette*.

10. Hou, Panpan et al, October, 2015, "Genome editing of CXCR4 by CRISPR/Cas9 congers cells resistant to HIV−1 infection", *Scientific Reports*, 5.

11. Hu, Wenhui and Kamel Khalili et al, August, 2014, "RNA−directed gene editing specifically eradicates latent and prevents new HIV−1− infection", *PNAS*, 111(31).

12. Olsen, Eric et al, January 22, 2016, "Postnatal genome editing partially restores dystrophin expression in a mouse model of muscular pystrophy", *Science*.

13. Huang, Jinju et al, April 18, 2015, "CRISPR/Cas9−mediated gene editing in human tripronuclear zygotes", *Protein&Cell*.

14. 주로 염색체 비분리 현상이 일어난 배아

15. Callaway, Ewen, February, 2016, "UK scientists gain licence to edit genes in human embryos", *Nature*.

16. Vogel, Gretchen, September 9, 2015, "Research on gene editing in embryos is justified, group says", *Science*.

17. Yong, Fan et al, 2016, "Introducing precise genetic modifications into human 3PN embryos by CRISPR/Cas−mediated genome editing", *Journal of Assisted Reproduction and Genetics*, 33(5), pp.581-588.

18. Callaway, Ewen, April, 2016, "Second Chinese team reports gene editing in human embryos", *Nature*, 08.

〔윤리학〕

1. 여기서의 트랜스휴머니즘 논의는 주로 2014년 아카넷에서 출판된 신상규의 『호모 사피엔스의 미래ː 포스트휴먼과 트랜스휴머니즘』을 참조하고 필요한 내용을 요약했으며 독자의 가독성을 위해 각주를 일일이 달지는 않았다.

2. 필자가 참고한 샌델과 후쿠야마의 저서는 다음과 같다. Sandel, Michael J., 2009, *The Case Against Perfection ː ethics in the age of genetic engineering*, Belknap Pr. Fukuyama, Francis, 2002, *Our Posthuman Future: Consequences of the Biotechnology Revolution*, Picador. 이 두 권의 책은 각각 강명신과 김영욱이 번역한 『생명의 윤리를 말하다』(동녘, 2010)와 송정화 번역의 『Human Future−부자의 유전자 가난한 자의 유전자』(한국경제신문사, 2003)라는 제목

으로 출판되었다. 여기서는 원서와 번역서를 참조하되 필요한 부분을 요약하였고 가독성을 위하여 일일이 각주를 달지 않았다.

3. 이 글을 쓰는 데 있어서 연세대학교 학생들과의 공부가 큰 도움이 되었다. 지면을 빌려 최석현, 정수경, 김이현 학생에게 감사의 말을 전한다.

3장
(과학)

1. 롱 나우 재단The Long Now Foundation은 미국의 환경운동가 스튜어트 브랜드와 생명공학자인 그의 아내 라이언 펠란Ryan Phelan이 1996년 설립한 미국의 공공·비영리단체이다. 이들은 '인류의 미래에 대한 장기적인 생각들'을 주제로 1년에 한 번 움직이며 한 세기마다 뻐꾸기가 우는 거대한 시계 제작 프로젝트인 만년 시계 프로젝트The 10,000 Year Clock와 전 세계 모든 언어를 손바닥만 한 작은 원판에 모두 새겨 넣는 로제타 프로젝트The Rosetta Project를 지원하기 위해 처음 설립되었다.

2. 2015년 7월 30일 기준.

3. 3개의 센터란, 에든버러 대학교 합성·시스템생물학 센터the Centre for Synthetic and Systems Biology at Edinburgh University, SynthSys, 임피리얼 칼리지 합성생물학 혁신 센터The Centre for Synthetic Biology and Innovation at Imperial College, CSynBI, 뉴캐슬 대학교 합성생물학과 바이오개발 센터Centre for Synthetic Biology and Bioexploitation at Newcastle University, CSBB를 지칭한다.

4. President's Commission on Bioethical Issues. 생의약 및 관련 분야에서 윤리적 문제에 관해 대통령에게 자문 역할을 수행하는 기구이다.

5. University of California, UC Berkeley, UC San Francisco, Stanford, MIT, Harvard.

6. 이 글을 쓰는 데 필요한 자료 수집과 정리를 도와준 연세대학교 시스템생물학과 장영웅 군에게 지면을 빌려 감사의 말을 전한다.

(정책)

1. 한국바이오안전성정보센터, 2011, 〈바이오산업과 나고야의정서〉.

2. 의정서 제8조 '특별 고려사항'을 보면 생물다양성 보전과 지속 가능한 이용에 기여하는 비상업적 연구에 대해서는 간소화된 절차를 적용하도록 하였고, 식량 위기 해결이나 위협적인 전염병 예방 및 치료와 같은 긴급한 사태의 유전자원 이용에 대해서는 배려하도록 하였다.

3. CBD, 2011, "The Nagoya Protocol on access and benefit sharing", http://www.cbd.

int/abs.

4. 환경부, 2011, 〈생물유전자원 확보, 부국으로 가는 길. 나고야의정서 대응책 마련을 위한 정책토론회 발표자료〉, 환경부 국립생물자원관, pp.19-54.

5. Synthetic Biology Project, 2013, "The Nagoya Protocol and Synthetic Bilogy Research: A Look at the Potential Impacts", the Woodrow Wilson International Center for Scholars.

6. OECD, 2014, "Emerging Policy Issues in Synthetic Biology".

7. Allied Market Research, 2016, "World Synthetic Biology Market Opportunities and Forecasts 2014-2020".

8. 생명공학정책연구센터, 2016, 〈글로벌 합성생물학 시장 현황 및 전망〉, 《바이오인더스트리》, 2016-5호.

9. Biller-Andorno, N. et al, 2008, "SYNBIOSAFE e-conference: online community discussion on the societal aspects of synthetic biology", *Systems and synthetic biology*, 2(1-2), pp.7-17, http://synbiosafe.eu/forum.

10. Mosher, "DIY Biotech hacker space opens in NYC", *Wired.com*, https://www.wired.com/2010/12/genspace-diy-science-laboratory.

11. 오철우, 2011년 1월 6일자, 〈바이오해커의 등장, DIY 과학문화의 신조류〉, 《한겨레신문》 사이언스온(재인용), http://scienceon.hani.co.kr/30528.

12. NSABB(National Science Advisory Board for Biosecurity), 2010, *Addressing Biosecurity Concerns Related to Synthetic Biology*, Washington D.C.

13. PCSBI(Presidential Commission for the Study of Bioethical Issues), 2010, "New Directions: The Ethics of Synthetic Biology and Emerging Technologies", Washington, D.C.: Presidential Commission for the Study of Bioethical Issues, p.24.

14. Cyranoski, March 12, 2015, "Scientists sound alarm over DNA editing of human embryos", *Nature*, http://www.nature.com/news/scientists-sound-alarm-over-dna-editing-of-human-embryos-1.17110.

15. Regalado, March 19, 2015, "Scientists Call for a Summit on Gene-Edited Babies", *Technology Review*, https://www.technologyreview.com/s/536021/scientists-call-for-a-summit-on-gene-edited-babies.

16. 박건형, 2016년 2월 2일자, 〈맞춤형 아기 첫걸음? 영국, 인간 유전자 편집 승인〉, 《조선일보》, http://news.chosun.com/site/data/html_dir/2016/02/02/2016020203369.html.

17. 김훈기, 2009, 〈합성생물학의 위해성에 대한 국내 규제법률 검토: LMO법과 생물무기금지법을 중심으로〉, 《환경사회학연구 ECO》, 13(2), pp.175-208.

18. 자료조사와 연구 진행에 큰 도움을 준 연세대학교 행정학과 박사과정 설지영 원생에게 고마운 마음을 전한다.

4장

〔과학〕

1. 독일의 신비주의 철학자이자 종교 시인이었던 앙겔루스 실레지우스Angelus Silesius (1624~1677).

〔철학〕

1. Venter, Craig, 2010, "Creation of a Bacterial Cell Controlled by a Chemically Synthesized Genome", *Science*, 329.

2. 한 예로 다음의 책 제목을 보라. 김훈기, 2010, 『합성생명-창조주가 된 인간과 불확실한 미래』, 이음.

3. Lonergan, Bernard, 1979, *Method in Theology*, Seabury Press, pp.30~31.

4. "Synthetic biology is … (A) the design and construction of new biological parts, devices, and system, and (B) the re-design of existing, natural biological systems for useful purposes." (http://syntheticbiology.org)

5. Rehmann-Sutter, Christoph, 2013, "How Do We See That Something Is Living? Synthetic Creatures and Phenomenology of Perception", *Worldviews*, 17, pp.10-11.

6. Lonergan, Bernard, 1979, "Ressentiment is a re-feeling of a specific clash with someone else's value-qualities.", *Method in Theology*, Seabury Press, p.33에서 재인용.

7. Ibid., 33-34.

8. 이 장면을 비롯하여 본 절에서의 주된 내용과 통찰은 다음 논문에 큰 빚을 지고 있다. Rehmann-Sutter, Christoph, 2013, "How Do We See That Something Is Living? Synthetic Creatures and Phenomenology of Perception", *Worldviews*, 17, 2013.

9. Rehmann-Sutter, Christoph, 2013, "How Do We See That Something Is Living? Synthetic Creatures and Phenomenology of Perception", *Worldviews*, 17, pp.11-12.

10. Ibid., 13.

11. Ibid., 14.

12. Ibid., 16.

13. Ibid., 22-23.

14. Ibid., 19.

15. Ibid., 20.

16. Ibid., 23.

17. 김상환 외, 2014, 『사물의 분류와 지식의 탄생』, 이학사, p.14.

18. 김인식 외, 2014, 『통섭과 지적 사기』, 인물과사상사, p.5.

19. 이에 대한 비판은 다음을 참조하라. 김인식 외, 2014, 『통섭과 지적 사기』, 인물과사상사.

20. 원의 정의에 대하여는 다음을 참조하였다. 조지프 플래너건, 2014, 『자기 앎의 탐구』, 김재영·이숙희 옮김, 서광사, pp.54-57.

21. 양명수, 2012, 『성명에서 생명으로』, 이화여자대학교출판부, p.22. 이동철 외, 2005, 『21세기의 동양철학』, 을유문화사, pp.79-80.

22. 한국민족문화대백과사전(https://encykorea.aks.ac.kr.)에서 민속학자 최상수의 견해를 참고했다.

23. Yuval Noah Harari, 2015, *Sapiens: a brief history of humankind*, Harper, pp.3-19, 25-28, 376-396, 415-416.

24. 이 말에 대한 아이디어는 다음 책에서 얻었다. 양명수, 2012, 『성명에서 생명으로』, 이화여자대학교출판부.

참고문헌

1장

[과학]

김훈기, 2010, 『합성생명』, 이음.

송기원, 2014, 『생명』, 로도스.

이삼열, 송기원, 방연상, 2015, 〈과학기술과 위험사회 : 합성생물학의 발전과 잠재적 위협을 중심으로〉, 『위험사회와 국가정책』, 하연섭 편, 박영사.

이상헌, 2010, 〈합성생물학과 윤리적 쟁점들〉, 《생명연구》, 17.

전진권·장대익, 2012, 〈합성 생물학과 성공적 융합〉, 『융합이란 무엇인가』, 사이언스북스.

Cameron, Ewen D. et al, 2014, "A brief history of synthetic biology", *Nature*, 12.

Endy, Drew, 2005, "Foundations for engineering biology", *Nature*, 438, pp.449-453.

Venter, Craig, et al, 2010, "Creation of a bacterial cell controlled by a chemically synthesized genome", *Science*, 329, pp.52-56.

Venter, Craig, 2013, *Life at the Speed of Light*, Penguin Books.

Kool, Brunsveld, Dalby et al, 2014, *Synthetic Biology: Volume 1*.

DIY BIO http://diybio.org

[신학]

김균진, 2007, 『생명의 신학』, 연세대학교 출판부, p.5.

김두흠, 2010, 『생명공학에 대한 생명신학적 비판』, 한국학술정보(주).

김훈기, 2009, 〈합성생물학의 위해성에 대한 국내 규제법률 검토: LMO법과 생물무기금지법을 중심으로〉, 《환경사회학연구 ECO》, 13(2).

러셀, 버트란트, 2005, 『나는 왜 기독교인이 아닌가』, 송은경 옮김, 사회평론.

모노, 자크 L., 1996, 『우연과 필연』, 김진욱 옮김, 범우사.

박재순, 2000, 『한국생명신학의 모색』, 한국신학연구소.

방연상, 2016, 〈생명정치 시대의 신학 -푸코와 아감벤의 생명정치론을 중심으로-〉, 《신학과 사회》, 30.

성낙환, 2010, 〈미래바이오산업의 핵, 합성생물학〉, 《LG Business Insight》, 6.

송기원, 2014, 『생명』, 로도스.

아감벤, 조르조, 2008, 『호모사케르』, 박진우 옮김, 새물결.

이삼열, 송기원, 방연상, 2015, 〈과학기술과 위험사회 : 합성생물학의 발전과 잠재적 위협을 중심으로〉, 『위험사회와 국가정책』, 하연섭 편, 박영사.

이상헌, 2010, 〈합성생물학과 윤리적 쟁점들〉, 《생명연구》, 17.

푸코, 미셸, 2012, 『생명관리정치의 탄생』, 오르트망 외 옮김, 난장.

_____, 2011, 『안전, 영토, 인구』, 오르트망 외 옮김, 난장.

_____, 2004, 『성의 역사—제1권 지식의 의지』, 이규현 옮김, 나남출판.

_____, 2003, 『감시와 처벌』, 오생근 옮김, 나남.

_____, 1998, 『"사회를 보호해야 한다"』, 박정자 옮김, 동문선.

피터스, 테드 엮음, 2002, 『과학과 종교』, 김흡영 외 옮김, 동연.

Beauchamp, Tom L. & Childness, James F. Tom, 1994, *Principle of Biomedical Ethics*(4th ed.), Oxford University Press.

Brueggemann, Walter, 1995, "The Uninfected Therefore of Hosea 4:1–3", *Reading from This Place volume 1 : Social Location and Biblical Interpretation in the United States*, Fortress Press.

Caplan, Arthur, 2015, *Replacement Parts: The Ethics of Procuring and Replacing Organs in Humans*, Georgetown University Press.

European Group on Ethics in Science and New Technologies to the European Commission, 2009, "Ethics of Synthetic Biology", Brussels: European Commission.

Hefner, Philip, 1997, "Biocultural Evolution and Created Co–creator", *Dialog : A Journal of Theology*, Summer.

PCSBI(Presidential Commission for the Study of Bioethical Issues), 2010, *New Directions: The Ethics of Synthetic Biology and Emerging Technologies*, Washington, D.C. : Presidential Commission for the Study of Bioethical Issues.

Peter, Dabrock, 2009, "Playing God? Synthetic biology as a theological and ethical challenge", *Syst Synth Biol*.

Peters, Ted, 1995, "Theology and Science : Where Are We?", *Dialog : A Journal of Theology*, Fall.

Van den Belt, Hen, 2009, "Playing God in Frankenstein's Footsteps : Synthetic Biology and the Meaning of Life", *Nanoethics*.

2장

(과학)

미래창조과학부, 2015년 10월 20일자, 〈DNA 사용 없이 농작물 유전자 교정 성공... IBS, 상추, 담배, 벼 등 적용... 종자산업 혁신 기대〉, 《BRIC》.

Callaway, Ewen, February, 2016, "UK scientists gain licence to edit genes in human embryos", *Nature*.

Callaway, Ewen, April, 2016, "Second Chinese team reports gene editing in human embryos", *Nature*, 08.

Colen, B. D., November 6, 2014, "A promising strategy against HIV", *Harvard gazette*.

Committee on Bioethics, Council of Europe, December 3, 2015, "Statement on genome editing technologies".

Cowan, Chad and Derrick Rossi et al, November, 2014, "Efficient ablation of genes in human hematopoietic stem and effectors cells using CRISPR/Cas9", *Cell Stem Cell*, 15, pp.643-652.

Feng, Zhen yang et al, August, 2013, "Effieicnet genome editing in plants using a CRISPR/Cas system", *Cell Research*.

Hou, Panpan et al, October, 2015, "Genome editing of CXCR4 by CRISPR/Cas9 congers cells resistant to HIV-1 infection", *Scientific Reports*, 5.

Hu, Wenhui and Kamel Khalili et al, August, 2014, "RNA-directed gene editing specifically eradicates latent and prevents new HIV-1- infection", *PNAS*, 111(31).

Huang, Jinju et al, April 18, 2015, "CRISPR/Cas9-mediated gene editing in human tripronuclear zygotes", *Protein&Cell*.

Kim Jin-Soo et al, September, 2015, "DNA-free genome editing in plants with preassembled CRISPR-Cas9 ribonucleoproteins", *Nature Biotechnology*, 33.

Olsen, Eric et al, January 22, 2016, "Postnatal genome editing partually restores dystrophin expression in a mouse model of muscular pystrophy", *Science*.

Servick, Kelly, October 11, 2015, "Gene-editing method revives hopes for transplanting pig organs into people", *Science*.

Vogel, Gretchen, September 9, 2015, "Research on gene editing in embryos is justified, group says", *Science*.

Wyss Institute, October 11, 2015, "Removing 62 barriers to pig-to-human organ transplant in one fell swoop".

Yang, Luhan et al, October, 2015, "Genome-wide inactivation of porcine endogenous retroviruses(PERVs)", *Science*.

Yong, Fan et al, 2016, "Introducing precise genetic modifications into human 3PN embryos by CRISPR/Cas-mediated genome editing", *Journal of Assisted Reproduction and Genetics*, 33(5), pp.581-588.

(윤리학)

신상규, 2014, 『호모 사피엔스의 미래』, 아카넷.

후쿠야마, 프랜시스, 2003, 『Human Future-부자의 유전자 가난한 자의 유전자』, 송정화 옮김, 한국경제신문.

Flanagan, Joseph, 1997, *Quest for Self-Knowledge: An Essay in Lonergan's Philosophy*, University of Toronto Press.

Kuhse, Helga and Peter Singer, 2001, *A Companion to Bioethics*, Blackwell Publishing Ltd.

Sandel, Michael J., 2009, *The Case Against Perfection : ethics in the age of genetic engineering*, Belknap Pr.

3장

(과학)

Center for Research and Development Strategy, Japan Science and Technology Agency, March, 2009, "Benchmarking Report on Synthetic biology".

Church, G., September, 2013, "Please Reanimate", *Scientific American*.

ERASynBio, 2014, "Next steps for European synthetic biology: a strategic vision".

Geering, Barbara and Martin Fussenegger, February, 2015, "Synthetic immunology: modulating the human immune system", *Cell Press*.

Güell, Marc, Luhan Yang, and George Church, July 1, 2014, "Genome Editing Assessment using CRISR Genome Analyzer", *Bioinformatics Advance Access*.

Keasling, Jay D., February, 2012, "Synthetic biology and the development of tools for metabolic engineering", *Metabolic Engineering*.

OECD, 2010, "Opportunities and Challenges in the Emerging Field of Synthetic Biology".

Pei, Lei, et al, June 25, 2011, "Synthetic biology: An emerging research field in China, Biotechnology Advances".

PCSBI(Presidential Commission for the Study of Bioethical Issues), 2010, "New Directions: The Ethics of Synthetic Biology and Emerging Technologies", Washington, D.C.:

Presidential Commission for the Study of Bioethical Issues.

Scientific American Editors, June, 2013, "Why Efforts to Bring Extinct Species Back from the Dead Miss the Point", *Scientific American*.

Technology Strategy Board(UK), 2012, "A synthetic biology roadmap for the UK".

U.S. Department of Energy(DOE), 2013, "Synthetic biology report".

Wang, Harris H., et al, August, 2009, "Programming cells by multiplex genome engineering and accelerated evolution", *Nature*.

바이오팹 프로젝트 http://biofab.synberc.org

바이오브릭 재단 http://biobricks.org

http://reviverestore.org/

http://www.silva.bsse.ethz.ch/groups/group_fussenegger

http://openwetware.org/wiki/Ellis_Lab

http://www.scopus.com/

http://www.elixir-europe.org/

http://mirian.kisti.re.kr

http://www.ntis.go.kr/ThMain.do

http://atis.rda.go.kr/rdais/bioMain/bioMain.vw?findUserGbn=

http://syntheticbiology.or.kr/content.php?db=sub0102

http://synbiocluster.re.kr/content.php?db=menu01_02

〔정책〕

김훈기, 2009, 〈합성생물학의 위해성에 대한 국내 규제법률 검토: LMO법과 생물무기금지법을 중심으로〉, 《환경사회학연구 ECO》, 13(2), pp.175–208.

생명공학정책연구센터, 2016, 〈글로벌 합성생물학 시장 현황 및 전망〉, 《바이오인더스트리》, 2016-5호.

송기원, 2014, 『생명』, 로도스.

오철우, 2010년 5월 2일자, 〈'합성게놈' 통째로 이식, 박테리아 종을 바꾸다〉, 《한겨레신문》 사이언스온, http://scienceon.hani.co.kr/28597.

이상헌, 2010, 〈합성생물학과 윤리적 쟁점들〉, 《생명연구》, 17.

화이트 주니어, 린, 2005, 『중세의 기술과 사회변화』, 강일휴 옮김, 지식의풍경.

환경부, 2011, 〈생물유전자원 확보, 부국으로 가는 길. 나고야의정서 대응책 마련을 위한 정책토론회 발표자료〉, 환경부 국립생물자원관, pp.19–54.

Allied Market Research, 2016, "World Synthetic Biology Market Opportunities and Forecasts 2014-2020".

Biller-Andorno, N. et al, 2008, "SYNBIOSAFE e-conference: online community discussion on the societal aspects of synthetic biology", *Systems and synthetic biology*, 2(1-2), pp.7-17, http://synbiosafe.eu/forum.

CBD, 2011, "The Nagoya Protocol on access and benefit sharing", http://www.cbd.int/abs.

Cesare, Chris, December 16, 2014, "Stanford to host 100-year study on artificial intelligence", *Stanford Report*.

NSABB(National Science Advisory Board for Biosecurity), 2010, *Addressing Biosecurity Concerns Related to Synthetic Biology*, Washington D.C.

PCSBI(Presidential Commission for the Study of Bioethical Issues), 2010, "New Directions: The Ethics of Synthetic Biology and Emerging Technologies", Washington, D.C.: Presidential Commission for the Study of Bioethical Issues.

Regalado, Antonio, March 5, 2015, "Engineering the Perfect Baby", *MIT Technology Review*, http://www.technologyreview.com/featuredstory/535661/engineering-the-perfect-baby.

Regalado, Antonio, March 19, 2015, "Scientists Call for a Summit on Gene-Edited Babies", *MIT Technology Review*, http://www.technologyreview.com/news/536021/scientists call-for-a-summit-on-gene-edited-babies.

Wilson Center, 2015, "U.S. Trends in Synthetic Biology Research Funding".

시스템합성 농생명공학 사업단 http://ssac.gnu.ac.kr

지능형 바이오시스템 설계 및 합성 연구단 http://www.syntheticbiology.or.kr

http://news.stanford.edu/news/2014/december/ai-century-study-121614.html.

4장

(과학)

김응빈, 2014, 「생명은 판도라다」, 바이오사이언스.

김응빈, 2016, 〈기술은 나아가지만 어디로 가는지 모른다-인공유전체 합성기술의 유래와 미래〉, 《지식의 지평》, 21.

〔철학〕

김상환 외, 2014, 『사물의 분류와 지식의 탄생』, 이학사.

김인식 외, 2014, 『통섭과 지적 사기』, 인물과사상사.

김훈기, 2010, 『합성생명』, 이음.

양명수, 2012, 『성명에서 생명으로』, 이화여자대학교출판부.

이동철 외, 2005, 『21세기의 동양철학』, 을유문화사.

플래너건, 조지프, 2014, 『자기 앎의 탐구』, 김재영·이숙희 옮김, 서광사.

하라리, 유발, 2015, 『사피엔스』, 조현욱 옮김, 김영사.

Lonergan, Bernard, 1979, *Method in Theology*, Seabury Press.

Rehmann-Sutter, Christoph, 2013, "How Do We See That Something Is Living? Synthetic Creatures and Phenomenology of Perception", *Worldviews*, 17.

Venter, Craig, 2010, "Creation of a Bacterial Cell Controlled by a Chemically Synthesized Genome", *Science*, 329.

한국민족문화대백과사전 https://encykorea.aks.ac.kr.

찾아보기

지은이 소개

김응빈 (연세대학교 생명시스템대학 시스템생물학과 교수 | 언더우드 국제대학 과학기술정책전공 교수)

연세대학교 생물학과를 졸업하고, 동 대학원에서 미생물학으로 석사 학위를 받았다. 미국 럿거스 대학교에서 환경미생물학 전공으로 박사 학위를 취득했다. 미국식품의약국 산하 국립독성연구소에서 연구를 수행했으며, 1998년 연세대학교 생물학과에 부임했다. '2005년 Best Teacher Award'를 수상하는 등 교육에 매진하는 한편, 국제학술지에 60여 편의 SCI 논문을 발표하기도 했다. 또한 연세대학교 ICONS 과학문화연구센터장으로 활동하면서 인문학자들과의 활발한 연구 교류를 통해 융합 연구에 힘쓰고 있다. 지은 책으로『생명은 판도라다』,『핵심 생명과학』,『한눈에 쏙! 생물지도』등이 있고, 옮긴 책으로『세상을 바꾼 위대한 생각 100-철학』,『세상을 바꾼 위대한 생각 100-우주』,『토토라 미생물학』등이 있다.

김종우 (명지대학교 방목기초교육대학 객원교수 | 연세대학교 연합신학대학원 강사)

고려대학교 생명과학대학을 졸업하고 연세대학교 연합신학대학원에서 석사(조직신학)를, 같은 학교 대학원 신학과에서 박사(종교철학)를 졸업했다. 계명대학교 대학원에서 의학(생리학)을 공부했고, 같은 대학 의료인문학교실의 외래교수를 역임했다. 현재는 연세대학교, 강남대학교, 명지대학교에 출강하면서, 인공지능융합 전공으로 박사과정을 이수하고 있다. 주말에는 한국기독교대학 신학대학원협의회의 소속 목사로서 경주 시온산 교회를 담임목회한다. 지은 책으로는『메타버스 시대의 신학과 목회 | 연세신학문고 11』(공저)가 있고, 옮긴 책으로는『언더우드 선교사의 미국무부재외공관문서 편지』가 있다.

방연상 (연세대학교 신과대학 연합신학대학원 교수 | 언더우드 국제대학 과학기술정책전공 교수)

미국 뉴욕 주립대학교와 영국 스코틀랜드의 에든버러 대학교에서 공부했다. 현재 연세대학교 신과대학과 연합신학대학원에서 문화 간 연구Inter-Cultural Studies와 세계 기독교World Christianity를 가르치고 있다. 지은 책으로『타자를 향한, 타자와 함께하는 선교』,『우분투』,『타자와 책임』,『Ethical Responsibility Beyond Interpretation』이 있고, 옮긴 책으로『좋은 세계화 나쁜 세계화』(공역)가 있다.

송기원 (연세대학교 생명시스템대학 생화학과 교수 | 언더우드 국제대학 과학기술정책전공 교수)

연세대학교 생화학과를 졸업하고 미국 코넬 대학교에서 생화학 및 분자유전학 박사를 받았다. 미국 밴더빌트 대학교 의과 대학의 박사후 연구원을 거쳐 1996년부터 현재 연세대학교 생명시스템대학 생화학과 교수로 재직하고 있다. 2003~2004년 밴더빌트 대학교 화학과 및 사이언스 커뮤니케이션 전공 방문교수를 지냈으며, 2014년부터 연세대학교 언더우드 국제대학 과학기술정책전공 겸직 교수이기도 하다. 과학 연구 외에도 생명과학에 관련된 사회문제에 관심을 갖고 연세대학교에서 '과학기술과 사회' 포럼을 만들어 활동하였고, 포럼 참여 교수들 중심으로 2014년 연세대학교 언더우드 국제대학 내에 과학기술정책전공을 개설했다. 40여 편의 SCI 논문 외에 지은 책으로『생명』,『호모 컨버전스』(공저),『세계 자연사 박물관 여행』,『멋진 신세계와 판도라의 상자』(공저), 옮긴 책으로『미래에서 온 편지』(공역) 등이 있다.

이삼열 (연세대학교 사회과학대학 행정학과 교수 | 언더우드 국제대학 과학기술정책전공 교수)

연세대학교 행정학과를 졸업하고 경희대학교 평화복지대학원에서 정책학 석사, 미국 텍사스 주립대학교(오스틴)에서 정책학 석사, 미국 카네기멜론 대학교에서 정책학으로 박사 학위를 취득하였다. 카네기멜론 대학교의 소프트웨어산업센터SWIC에서 연구원으로 연구를 수행했으며, 정보통신정책연구원KISDI에 책임연구원으로 재직하였다. 2005년 연세대학교 행정학과에 부임 후 과학기술정책, 정책분석 및 평가, 장관의 임면 등에 관한 연구와 강의를 진행하였다. 2104년 언더우드 국제대학에 김응빈, 방연상, 송기원 교수와 함께 과학기술정책전공을 설립하여 전공주임교수로 재직 중이며, CK 사업의 일환으로 언더우드 국제대학에 연세사회혁신센터를 설립하여 센터장으로 활동 중이다.

생명과학, 신에게 도전하다
5개의 시선으로 읽는 유전자가위와 합성생물학

ⓒ 김응빈·김종우·방연상·송기원·이삼열, 2017, Printed in Seoul, Korea

초판 1쇄 펴낸날 2017년 3월 29일
초판 11쇄 펴낸날 2024년 8월 22일

지은이	김응빈·김종우·방연상·송기원·이삼열
엮은이	송기원
펴낸이	한성봉
편집	조유나·안상준·하명성·이지경
디자인	유지연
본문 조판	윤수진
마케팅	박신용·오주형·박민지·이예지
경영지원	국지연·송인경
펴낸곳	도서출판 동아시아
등록	1998년 3월 5일 제1998-000243호
주소	서울시 중구 필동로8길 73 [예장동 1-42] 동아시아빌딩
페이스북	www.facebook.com/dongasiabooks
전자우편	dongasiabook@naver.com
블로그	blog.naver.com/dongasiabook
인스타그램	www.instagram.com/dongasiabook
전화	02) 757-9724, 5
팩스	02) 757-9726
ISBN	978-89-6262-177-8 03470

이 책은 연세대학교 미래선도융합연구(2015-2017년, 송기원)와
연세대학교 학술연구비(2011년, 이삼열) 지원으로 이루어진 연구 결과물입니다.

이 도서의 국립중앙도서관 출판예정도서목록(CIP)은
서지정보유통지원시스템 홈페이지(http://seoji.nl.go.kr)와
국가자료공동목록시스템(http://www.nl.go.kr/kolisnet)에서
이용하실 수 있습니다. (CIP제어번호: CIP2017006817)